1 | シリーズ 予測と発見の科学

北川 源四郎・有川 節夫・小西 貞則・宮野 悟 | [編集]

統計的因果推論

―回帰分析の新しい枠組み―

宮川 雅巳 | [著]

朝倉書店

まえがき

　統計的方法を学び始めると，比較的早い段階で「相関関係は必ずしも因果関係を意味しない」という注意を受ける．もともと確率論のテキストに「因果」という文字はなく，数理統計学も「因果関係」には言及しない．
　その一方で，医学，薬学，経済学，農学，工学などの実質科学の諸分野では，観察研究あるいは実験研究から価値ある因果関係を正しく認識するために，統計的方法が日々用いられている．すなわち統計的因果推論が必然的に行われている．もちろん，統計学は因果推論に対して何も貢献しなかったわけではない．経験的因果関係を認識する強力な手段として，統御された無作為化実験に代表される実験計画法という学問領域を築いた．この点からすれば，統計的因果推論の今日的課題は観察研究での方法論にあるといってよい．相関関係と因果関係に関する上述の注意も，受動的に観察された相関関係に対するものである．
　データにおいて観察された相関関係のみから因果関係を論じることは不可能で，補助的情報が必要なことは誰でも納得できる．では，どのような情報があればよいのだろうか．変数間の因果的意味での先行関係だけがわかればよいのだろうか．ある2つの変数の間に相関関係が観察されたとき，その変数間に因果的意味での先行関係があるかどうかを判断するのは，先行関係がある場合にはその向きの判定を含めて，決して困難な作業ではない．観察研究における統計的因果推論の困難さは，相関関係を因果関係とみなせるかという定性的側面にあるのではなく，観察によって推定可能な相関の測度が因果的効果の測度に合致しないという定量的部分にある．
　具体的に述べると，興味ある原因変数と結果変数の組に対して，結果変数を目的変数にし，原因変数を説明変数のひとつにした回帰モデルにおいて，原因・結果という定性的関係は正しくとも，原因変数の偏回帰係数が因果的効果を正

しく表現していないことがある．これは，原因変数以外の説明変数が適切に取り込まれていないためである．そこで問題は「どういう変数が取り込まれればよいか」である．説明変数に取り入れられるべき変数，あるいは層別に用いられるべき変数は，一般に交絡因子と呼ばれる．ところがよく知られているように「交絡因子とは何か」を説明するには，数理統計学の言葉では不十分であって，因果関係に関する言葉が必要になる．

これについて最近の統計的因果推論の先駆者である Judea Pearl は 2000 年に発表した著書の序文において

"These questions have been without satisfactory answers in part because we have not a clear semantics for causal claims and in part because we have not effective mathematical tools for casting causal questions or deriving causal answers."

と問題の所在を指摘し，それに対する近年の発展を

"In the last decade, owning to advances in graphical models, causality has undergone a major transformation: from a concept shrouded in mystery into a mathematical object with well-defined semantics and well-founded logic."

と述べている．

本書の立場も，因果関係に関する言葉をなるべく抽象的に数学的に取り扱うことにある．そのために有効な数学的言語は非巡回的有向グラフの用語である．統計的因果分析に有向グラフを用いるアプローチは，遺伝学の分野で 1930 年前後に創案されたパス解析に端を発し，その後，構造方程式モデルとして社会科学の分野で発展してきた．一方，多変量正規分布における共分散選択モデルと多元分割表における対数線形モデルの統合として，無向グラフで表現される統計モデルとそのマルコフ性が 1980 年頃にまとめられ，その発展形として 1990 年前後に有向グラフによる統計モデルが確立した．この統計モデルを統計的因果推論に積極的に組み入れることで，従来かなり曖昧であった因果推論にかかわる様々な事柄，たとえば上述の交絡因子などが，有向グラフの用語を通して客観的に記述できるようになった．これは，統計的因果推論における数学的方法の役割とその限界を論じる上で大変重要なことである．

まえがき

　筆者は1997年に朝倉書店の統計ライブラリーの1冊として『グラフィカルモデリング』を上梓した．しかし，そこでは無向グラフで表される統計モデルの統計的推測に重点が置かれ，有向グラフの統計モデル，特に因果推論への応用については十分な記述ができなかった．言い訳になるが，有向グラフを用いた統計的因果推論の理論は，1990年代後半から急速に発展したため，前書の執筆段階ではフォローできなかったのである．幸いにして，今回改めてグラフィカルモデルに基づく統計的因果推論について執筆する機会を与えられた．

　本書は入門書でなく専門書の部類に入ると思う．読者には，回帰分析や実験計画法，分割表などの基本的知識と実際の解析経験を期待している．特に，テキスト通りの回帰分析の使い方に疑問を感じられている方を歓迎する．本書では，セット・オペレーションと呼ばれる $f(y|set(X=x))$ のような従来の確率論・統計学にはない表記も登場する．その意味で，因果推論のための新しい統計的アプローチの枠組みが提示されており，内容はやや高度かもしれない．しかし，統計学の基礎的知識と多少の忍耐力があれば，最後まで読み通していただけるものと信じている．

　本書の執筆は，本シリーズ編集委員である九州大学大学院・小西貞則教授にお勧めいただいた．早稲田大学・永田　靖教授と東京大学大学院・竹村彰通教授には，初稿を通読していただき，多くの助言をいただいた．京都大学大学院・佐藤俊哉教授と統計数理研究所・江口真透教授には，私的な因果推論研究会を通じて多くの刺激とご教示をいただいた．筆者が有向グラフを用いた統計的因果推論の研究に本格的に取り組み始めたのは1996年である．当時は大学院生だった現在大阪大学大学院の黒木　学助教授とは，以来常に二人三脚で研究を進めてきた．これは筆者にとってたいへん幸運なことであった．これらの先生方にこの場を借りて御礼申し上げたい．

　最後に，編集・校正の労をとられた朝倉書店編集部の方々に感謝する．

　2004年2月

宮　川　雅　巳

目　　次

1. 古典的問題意識 ·· 1
　1.1　Box の警告：回帰分析の abuse ···························· 1
　　1.1.1　回帰分析の 2 つの使われ方 ···························· 1
　　1.1.2　回帰分析に対する現場の期待 ·························· 3
　　1.1.3　問題の所在 ·· 4
　1.2　Yule と Simpson の指摘 ····································· 5
　　1.2.1　分割表解析でのパラドックス ·························· 5
　　1.2.2　定式化 ··· 6
　　1.2.3　層別は常に正しいか ···································· 8
　1.3　交絡因子の同定とそれによる調整 ··························· 9
　　1.3.1　交絡因子とは ·· 9
　　1.3.2　因果ダイアグラムが示す交絡因子の要件 ················ 10
　　1.3.3　回帰分析での交絡因子による調整 ······················ 11
　　1.3.4　Mantel と Haenszel の貢献 ···························· 12
　1.4　本書のプラン ·· 14

2. 因果推論の基礎概念 ·· 17
　2.1　因果推論を構成するもの ····································· 17
　　2.1.1　変数とその分類 ·· 17
　　2.1.2　実験研究と観察研究 ···································· 19
　　2.1.3　観察研究のデザイン ···································· 20
　2.2　因果推論の課題 ·· 23

	2.2.1	因果推論の3つの目的 …………………………………	23

- 2.2.1 因果推論の3つの目的 ………………………………… 23
- 2.2.2 因果関係を同定する4つの方法 ……………………… 24
- 2.2.3 因果メカニズムの解明 ………………………………… 24
- 2.3 潜在反応モデル …………………………………………… 25
  - 2.3.1 反事実的モデルによる因果的効果の定義 …………… 25
  - 2.3.2 無作為化の威力 ………………………………………… 27
  - 2.3.3 強い意味での無視可能性 ……………………………… 28
- 2.4 傾向スコアによる層別 …………………………………… 30
  - 2.4.1 傾向スコアとは ………………………………………… 30
  - 2.4.2 傾向スコアのバランシング性 ………………………… 31
  - 2.4.3 傾向スコアの適用例 …………………………………… 33

3. パス解析 ……………………………………………………… 36

- 3.1 構造方程式とパスダイアグラム ………………………… 36
  - 3.1.1 構造方程式モデルとは ………………………………… 36
  - 3.1.2 外生変数と内生変数 …………………………………… 37
  - 3.1.3 パスダイアグラム ……………………………………… 38
- 3.2 相関の生成と分解 ………………………………………… 40
  - 3.2.1 構造方程式が与える相関関係 ………………………… 40
  - 3.2.2 直接効果と間接効果および総合効果 ………………… 42
  - 3.2.3 選択による偏り ………………………………………… 45
  - 3.2.4 構造方程式の誘導形 …………………………………… 46
- 3.3 回帰モデルとの違い ……………………………………… 48
  - 3.3.1 実験研究での回帰モデル ……………………………… 48
  - 3.3.2 観察研究での回帰モデル ……………………………… 50

4. 非巡回的有向独立グラフ ……………………………………… 53

- 4.1 条件付き独立性の基礎数理 ……………………………… 53
  - 4.1.1 定義と表記法 …………………………………………… 53
  - 4.1.2 基本定理 ………………………………………………… 54

 4.1.3 多変量正規分布における共分散選択モデル 56
 4.1.4 多元分割表における対数線形モデル 57
4.2 非巡回的有向グラフで規定される確率モデル 59
 4.2.1 グラフ用語 59
 4.2.2 非巡回的有向独立グラフ 60
 4.2.3 パスダイアグラムとの関係 61
 4.2.4 両側矢線の混在への対応 62
4.3 マルコフ性 64
 4.3.1 局所的マルコフ性 64
 4.3.2 大域的マルコフ性 66
4.4 忠実性と観察的同値性 70
 4.4.1 忠実性 70
 4.4.2 観察的同値性 71

5. 介入効果とその識別可能条件 74
5.1 因果ダイアグラムと介入効果 74
 5.1.1 構造方程式による因果ダイアグラムの定義 74
 5.1.2 介入効果の数学的定義 75
 5.1.3 介入効果の定義は合理的か 76
 5.1.4 総合効果との関係 77
 5.1.5 推測ルール 79
5.2 バックドア基準 81
 5.2.1 定義と識別可能性 81
 5.2.2 バックドア基準の解釈 83
 5.2.3 強い意味での無視可能性との関係 86
 5.2.4 オッズ比の併合可能条件との関係 87
5.3 フロントドア基準 88
 5.3.1 古典的アイデア：媒介変数法 88
 5.3.2 定義と識別可能性 90
 5.3.3 フロントドア基準の解釈 92

5.4 操作変数法と条件付き操作変数法 ································ 92
　5.4.1 操作変数法 ··· 92
　5.4.2 条件付き操作変数法 ··· 94

6. 回帰モデルによる因果推論 ·· 96
6.1 回帰係数と直接効果・総合効果との関係 ···························· 96
　6.1.1 回帰モデルと線形構造方程式モデル ···························· 96
　6.1.2 偏回帰係数とパス係数(直接効果)との関係 ····················· 97
　6.1.3 偏回帰係数と総合効果との関係 ································ 99
　6.1.4 偏回帰係数の併合可能条件 ···································· 101
6.2 推定精度を考慮した共変量選択 ··································· 104
　6.2.1 構造方程式モデルでの推定論 ·································· 104
　6.2.2 バックドア基準を満たす共変量の選択 ·························· 106
　6.2.3 フロントドア基準を満たす中間特性の選択 ······················ 109
6.3 分散への介入効果とその推定 ····································· 111
　6.3.1 分散への介入効果 ·· 111
　6.3.2 線形構造方程式モデルでの考察 ································ 112
　6.3.3 分散に関する不等式 ·· 114
6.4 適用例 ·· 116
　6.4.1 用いるデータの説明 ·· 116
　6.4.2 因果ダイアグラムとその統計的推測 ···························· 117
　6.4.3 総合効果の推定と回帰分析結果との比較 ························ 118
　6.4.4 分散への介入効果の推定 ······································ 120

7. 条件付き介入と同時介入 ·· 122
7.1 条件付き介入効果とその識別可能性 ······························· 122
　7.1.1 ノンパラメトリックな定義 ···································· 122
　7.1.2 条件付き介入効果の識別可能条件 ······························ 123
　7.1.3 線形構造方程式モデルの場合 ·································· 125
7.2 条件付き介入の適応制御への応用 ································· 128

- 7.2.1 最適な適応制御方式 ……………………………………… 128
- 7.2.2 分散を低減させる必要十分条件 …………………………… 130
- 7.2.3 制御のための変数集合の選択基準 ………………………… 132
- 7.2.4 識別のための変数集合の選択基準 ………………………… 133
- 7.2.5 適用例 ………………………………………………………… 135
- 7.3 同時介入効果とその識別可能性 …………………………………… 138
- 7.3.1 ノンパラメトリックな定義 ………………………………… 138
- 7.3.2 識別可能条件 (その1) ……………………………………… 139
- 7.3.3 識別可能条件 (その2) ……………………………………… 140
- 7.4 回帰モデルによる同時介入効果の推論 …………………………… 142
- 7.4.1 線形構造方程式モデルでの同時介入効果の表現 ………… 142
- 7.4.2 許容性基準を満たすときの回帰モデルとの関係 ………… 145
- 7.4.3 適用例 ………………………………………………………… 147

8. 非巡回的有向独立グラフの復元 …………………………………… 149

- 8.1 独立性・条件付き独立性からの復元 ……………………………… 149
  - 8.1.1 非巡回的有向独立グラフの基本的性質 …………………… 149
  - 8.1.2 SGS アルゴリズム …………………………………………… 150
  - 8.1.3 オリエンテーション・ルール ……………………………… 152
  - 8.1.4 PC アルゴリズム …………………………………………… 155
- 8.2 先験情報の利用 ……………………………………………………… 157
  - 8.2.1 先行関係が既知の場合 ……………………………………… 157
  - 8.2.2 外生変数が既知の場合 ……………………………………… 159
- 8.3 潜在変数の探索 ……………………………………………………… 162
  - 8.3.1 潜在変数について …………………………………………… 162
  - 8.3.2 テトラッド方程式 …………………………………………… 163
  - 8.3.3 テトラッド方程式によるモデル探索 ……………………… 165
  - 8.3.4 離散変数に対するテトラッド方程式 ……………………… 167

引用文献 ………………………………………………………………… 168

参考図書（あとがきにかえて） …………………………………… 171
索　　引 ……………………………………………………… 175

1

古典的問題意識

1.1 Box の警告：回帰分析の abuse

1.1.1 回帰分析の 2 つの使われ方

コンピュータの発展により重回帰分析が卑近な手法になりつつあった 1960 年代半ばに，20 世紀を代表する統計学者の 1 人である George Box は "Use and Abuse of Regression" *Technometrics*, Vol.8, No.4, (1966) 625-629. という論文を発表した．abuse の修飾語 ab には文字通りアブないイメージがある．Box のいう回帰分析での abuse とは，どのような危ない使い方を指すのであろうか．

彼は，化学工程の操業データに見られる次のような例を挙げている．ある化学工程の作業標準のひとつに「泡が出たときには，圧力を増せ」がある．泡が消えれば圧力をもとに戻す．実は，この泡は不純物のために発生している．しかし，不純物は存在自体が未知のために測定されてはいない．そして，この不純物が収率の低下を招くという．すなわち，不純物の変動は泡と収率の変動を引き起こす．すると，上記の作業標準のもとでは，不純物の変動の結果として，圧力と収率の間に相関が生じてくる．しかも，圧力自体は不純物にも収率にも何の効果もないという．

ここで，収率を目的変数に，圧力を説明変数にとった回帰モデルを立て，圧力と収率の操業データから回帰式を推定したとする．この回帰式は，その後に圧力のみを観測したときの収率に対する予測値を与える．これが Box の言うところの回帰分析の use である．

一方，この回帰式における圧力の回帰係数を，圧力を 1 単位 <u>変化させた</u> と

きの収率への因果的効果 (圧力が 1 単位変化した ときの収率の平均的変化量ではない) と解釈し，工程へのアクションに結びつけようとする．こちらが回帰分析の abuse である．なぜなら，圧力を変化させても，泡のもとになっている不純物の量が変化しなければ収率への影響はないからである．

この例の状況を図的に表現したものが図 1.1 である．図 1.1 のように，いくつかの変量を矢線で結んで変量間の因果関係を表した図は**因果ダイアグラム**と呼ばれ，本書で議論する因果推論において極めて重要な役割を果たす．

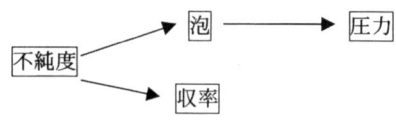

図 1.1 Box の例に対する因果ダイアグラム

図 1.1 において，不純物から泡と収率へのそれぞれの矢線は化学的メカニズムを表し，泡から圧力への矢線は作業標準による人為的効果を表す．また，不純物の変化は圧力と収率の変化を与える共通原因であり，不純物の変動が圧力と収率の相関関係を生むことが直ちに読みとれる．これらの関係が回帰式推定に使ったデータ採取時とその後の予測時点で変わっていなければ，圧力を説明変数にした回帰式による収率の予測は成功する．元来，予測とは解析対象に外的操作を加えない受動的作業である．

一方，外的操作によって圧力を変化させても，矢印の向きからして，収率には何ら影響を与えないことも図 1.1 からわかる．このような因果の向きを考慮に入れずに相関関係をそのまま因果関係に転換してしまうこと，これが abuseとされる所以である．

以上をまとめれば，Box は，回帰分析が実験研究よりもむしろ観察研究に使われる当時の状況を踏まえ，観察研究における回帰分析の目的を
- 説明変数を観測したときの目的変数の予測
- 説明変数に外的操作を加えたときの目的変数への因果的効果の発見

に大別した上で，前者を use，後者を abuse と呼んだ．論文の最後の文
"To find out what happens to a system when you interfere with it, you have to interfere with it(not just passively observe it)."「ある系に干渉した

とき,その系に何が起こるかを知りたければ,(単に受動的にそれを観察するだけでなく)実際に干渉することが肝要である.」
はその後もたびたび引用される名文である.

　もっとも,Boxの指摘は決して新しいものではない.「相関関係は必ずしも因果関係を意味しない」というのは統計学のイロハである.実際,多変量分布における回帰モデルとは,説明変数を与えたときの目的変数の条件付き分布に関するモデルであり,モデルの母数が多変量の平均ベクトルと分散共分散行列によって完全に記述される**統計的関連モデル**である.このモデルに立脚した観察研究における回帰分析の目的は,あくまで観測された多変量の相関関係の利用にあるのであって,そのひとつが受動的予測である.統計学者の執筆した回帰分析のテキストは例外なくこの立場を貫いている.

1.1.2 回帰分析に対する現場の期待

　我が国において統計的方法が活用された分野のひとつに品質管理がある.品質管理の課題は,品質特性の値がその理想値に近づく設計および製造条件を見出し,それを安定して実現することにある.そのためには実験研究あるいは観察研究によって,特性と要因の統計的関係を明らかにする必要がある.回帰分析には1970年代以降,観察研究においてこの解析を効率化するツールとして,多大な期待がかけられた.このとき,品質管理の目的からして観察研究から求めた回帰式に対しても,品質改善のためには純粋な受動的な予測にとどまらずに,たとえば

- 有意な説明変数を調整した(故意に変えた)ときの目的変数の平均への効果
- 有意な説明変数を制御した(故意に止めた)ときの目的変数の分散への効果

を定量的に推定したい.新たに開発された設計条件下の製品が市場クレームを引き起こすことを事前に予測し,実際その通りになったとき,予測としては完璧でも品質保証としては落第である.クレームが予測されたときにはそれを回避する対策が求められる.経済予測も同様であって,予測対象に介入せずにひたすら注意を呼びかける台風情報とは違う.

　Boxの例を少し発展させた状況を仮想しよう.この化学工程では,その後,収率の停滞と変動が問題となり,その主要原因は不純物の発生にあることが突

き止められ，不純物の測定が行われるようになったとする．不純物と収率の関係は，圧力と収率の関係と異なり，不純物から収率への矢線で結ばれた因果関係である．よって，不純物の発生量を今よりも 30 % 減らせたら，平均的に収率はどれほど向上するのであろうか．これを不純物と収率の操業データから推定したい．これは極めて自然な要求である．また，平均収率の増加とともに収率のばらつき低減は，過剰な設備の撤廃や在庫削減に多大な効果をもたらす．よって不純物の分散を半減できたとしたら，それは収率の分散をどれほど低減させることにつながるのだろうか．これも極めて価値ある知見である．こんな素朴な要望に応えられないようでは，品質管理において回帰分析を使う場面はほとんどないと言いたくなる．しかし，回帰分析の理論はこのような基本的な要望に応えてはいけないことになっている．それはまさしく Box のいうところの abuse だからである．

　ところで，Box が用いた例は，あまりにわかりやすいため，やや自明な印象を与える．因果関係にない変数間で因果的効果を推定するなどは言語道断であって，自分は決してそんな abuse はしない，と誰しも思う．そんなこともあって，建前ではいけないことを知りつつも，実際には回帰係数を因果的効果のパラメータとして解釈する試みが数多く行われている．そして，その拠り所を固有技術に基づく定性的因果関係の考察におく．Box の例でいえば，不純物と収率の間に技術的な因果関係が想定できれば，不純物の回帰係数は収率に対する因果的効果を表すはずであると．残念ながら，この論法は正しくない．不純物と収率の間に因果関係があっても，回帰係数が因果的効果を表すとは限らないからである．実は回帰分析の abuse の本質はこの点にある．

1.1.3　問題の所在

　回帰分析といっても，実験研究の解析に使われる場合は，無意識のうちに要因効果に関する統計的推論に言及している．この違いはどこから来るのであろうか．

　よく考えてみると，abuse で推定したいところの因果的効果が，観察研究における回帰モデルでは厳密に定義されていない．定義されていないものを推定できないのは当然かもしれない．一方，実験研究の場合，実験計画法という応

用統計分野において，因果的効果は意図的に設定した複数の処理条件間での特性分布の違いと定義され，通常は平均値の違いに母数化されている．処理条件と特性分布の関係表現に回帰モデルが使われれば，回帰係数は自ずと因果的効果を意味する．実験計画法の構造模型は，第3章に述べる構造方程式の観点からすれば，右辺が左辺を生成する因果モデルになっている．

ところで，ある2つの変数の間に相関関係が観測されたとき，その変数の間に因果的意味での先行関係があるかどうかを判断することは，ある場合にはその向きの判定を含めて，決して困難な作業ではない．むしろ，観察研究における統計的因果推論の現実的課題は，相関関係を因果関係とみなせるかという定性的な問題 にあるのではなく，因果的効果の測度が定義されたもとで，観察によって推定可能な相関の測度がこの因果的効果の測度に一致するかという定量的な問題 にある．上述のように，回帰分析においては，説明変数と目的変数の間に原因・結果の関係が定性的にはあったとしても，当該説明変数の偏回帰係数が因果的効果を定量的に表しているとは限らない．

説明変数と目的変数が因果関係にあり，かつ，因果的効果が定義されているとき，偏回帰係数が因果的効果を表さない理由のひとつは，回帰式に含まれている他の説明変数が不適切であることである．含めるべき変数が含まれず，含めるべきでない変数が含まれるという問題である．ところが，その判定は確率統計の概念だけでは対処できず，因果に関する概念が必要になる．にもかかわらず，統計的方法論においては，因果に関する概念があいまいで定式化されていない．ここに問題の所在があったのである．これらの定式化とその応用こそが近年の因果推論研究の成果であり，それを体系的に論じることが本書の目的である．

1.2 Yule と Simpson の指摘

1.2.1 分割表解析でのパラドックス

2つの変数が要因と特性という関係にあったとしても，両者の間に観察された相関関係の測度が因果関係の大きさを表さないことは，歴史的には質的変数の分割表において先んじて指摘されている．今日，ユール・シンプソンのパラ

ドックスと呼ばれるものがそれである.

Simpson(1951) が与えた例のひとつを表 1.1 に示そう. 要因として処理の有無, 特性として生死が観測された医学データである. さらに, 第 3 の変数として個体属性である性別が記録されている. 表 1.1(a) は性で層別して集計した 3 元分割表である. これより, 男性と女性の双方で, 処理有での生存割合は処理無でのそれよりも大きいことが観察され, 処理の有効性が示唆される. ところが, この 3 元分割表, すなわち性で層別した 2 枚の 2 元分割表を性別について併合してしまうと, 表 1.1(b) を得る. 表 1.1(b) を表面的に見れば, 処理有と処理無での生存割合は等しいので, 処理の有効性はないという結論を導きかねないというわけである.

これに先立ち, Yule(1903) は, 層別したときには各層で処理間に差がないものの, 層を併合することで処理間に差が生じる数値例を与え, 層別の重要性を強調した. 20 世紀初頭になされた先見的指摘といえる.

表 1.1 ユール・シンプソンのパラドックスの例

(a)	男性		女性		(b)	男女で併合	
	生存	死亡	生存	死亡		生存	死亡
処理無	4	3	2	3	処理無	6	6
処理有	8	5	12	15	処理有	20	20

さて, 表 1.1 の場合, 層別した (a) での知見と層別していない (b) での知見のどちらに意味があるかは, ほぼ自明であって, 誰しも (a) でのそれを支持するだろう. この場合, 処理の有無に依らず, 女性の生存割合は男性のそれに比べて小さい. にもかかわらず, 女性は男性よりも処理有に割り付けられた割合が大きいため, 性別を無視した単純な集計 (b) では, 処理有の有効性が消されてしまっているのである.

1.2.2 定 式 化

ここで, 層別された分割表の表記法を導入し, ユール・シンプソンのパラドックスを定式化しておく.

話を簡単にするため, 層別変数 z がひとつの場合で論じよう. 複数あっても,

それらを組み合わせてひとつの変数にしてしまえば（水準数はそれだけ多くなるが）同じ話になる．z の水準数を K とする．すなわち，2 値要因 x と 2 値特性 y を行と列にそれぞれ配した 2×2 分割表が全部で K 枚ある状況を考える．

$x = i, y = j, z = k$ における観測度数を n_{ijk} と記す．また，ある変数について併合した周辺度数を，変数の添字を + に置き換えて

$$n_{ij+} = \sum_{k=1}^{K} n_{ijk}, \quad n_{i+k} = \sum_{j=1}^{2} n_{ijk}, \quad n_{+jk} = \sum_{i=1}^{2} n_{ijk}$$

のように表記する．z で層別された 2 元分割表および z について併合された 2 元分割表の度数表記を表 1.2 に示す．

表 1.2 2×2 分割表の表記（層別されたものと併合されたもの）

	$z = k$				z について併合		
	$y = 1$	$y = 2$	計		$y = 1$	$y = 2$	計
$x = 1$	n_{11k}	n_{12k}	n_{1+k}	$x = 1$	n_{11+}	n_{12+}	n_{1++}
$x = 2$	n_{21k}	n_{22k}	n_{2+k}	$x = 2$	n_{21+}	n_{22+}	n_{2++}
計	n_{+1k}	n_{+2k}	n_{++k}	計	n_{+1+}	n_{+2+}	n_{+++}

表 1.1 は $K = 2$ の場合である．$z = k$ における 2×2 分割表において，n_{11k}/n_{12k} を $x = 1$ での**オッズ**という（オッズは母数として定義されることもあるので，区別が必要なときには標本オッズという）．同様に，n_{21k}/n_{22k} を $x = 2$ でのオッズという．この 2 つのオッズの比

$$\frac{n_{11k}/n_{12k}}{n_{21k}/n_{22k}} = \frac{n_{11k}\,n_{22k}}{n_{12k}\,n_{21k}}$$

を**オッズ比**(標本オッズ比) という．母オッズ比ではそれぞれの度数を対応する出現確率に置き換えればよい．要因変数の効果がないとき，すなわち x と y が独立のときには，母オッズ比は 1 となることに注意する．

これらの表記を用いれば，表 1.1 では

$$\frac{n_{111}\,n_{221}}{n_{121}\,n_{211}} = \frac{n_{112}\,n_{222}}{n_{122}\,n_{212}} < 1$$

であるにもかかわらず

$$\frac{n_{11+}\ n_{22+}}{n_{12+}\ n_{21+}} = 1$$

という現象が起こっていたことになる．より一般には

$$\frac{n_{111}\ n_{221}}{n_{121}\ n_{211}} = \frac{n_{112}\ n_{222}}{n_{122}\ n_{212}} \leq 1 (あるいは \geq 1) \tag{1.1}$$

であるにもかかわらず

$$\frac{n_{11+}\ n_{22+}}{n_{12+}\ n_{21+}} \geq 1 (あるいは \leq 1) \tag{1.2}$$

となる現象を**ユール・シンプソンのパラドックス**という．ここで，(1.1) 式と (1.2) 式の不等号の少なくともひとつは厳密に成り立つものとする．なお，ユール・シンプソンのパラドックスの定義として，(1.1) 式での等号を要求しない文献もある．実際，標本オッズ比で等号が成立することは稀である．しかし，少なくとも母オッズ比においては等号が成立していないと 3 因子交互作用があることになり (詳しくは 4.1.4 項を参照)，併合すること自体に意味がなくなる．ここでは Simpson のオリジナルな数値例に則して等号をつけた．

1.2.3 層別は常に正しいか

ところで，層別した 3 元分割表で観察される相関関係は，常に，併合した 2 元分割表に見られる関係よりも意味のあるものなのだろうか．実はそうではない．Simpson はこれについても考察し，トランプカードの分類例を挙げている．これは，乳児が遊んだトランプカードを柄 (絵札，数札)，色 (赤，黒)，外観 (汚れている，きれい) という 3 つの分類項目で分類したものであり，分割表の数値は表 1.1 と全く同一である．これを表 1.3 に示す．

表 1.3 では，(b) の併合した 2 元分割表がトランプでの柄と色との衆知の関係を記述している．これに対し (a) からは，乳児が絵札を数札より好んで遊び汚したこと，同様に赤札を黒札よりも好んで遊び汚したことが読みとれるものの，結果系である外観で層別したときの柄と色の相関関係に意味は乏しい．

これからわかることは，層別したときの関係と併合したときの関係のどちらに意味があるかは，分類項目の中身，とりわけ分類項目間の因果関係に依存するということである．これについて次節で論じよう．

表 1.3 ユール・シンプソンのパラドックスの例（その 2）

(a)	汚れ有		汚れ無		(b)	外観で併合	
	赤札	黒札	赤札	黒札		赤札	黒札
絵札	4	3	2	3	絵札	6	6
数札	8	5	12	15	数札	20	20

1.3 交絡因子の同定とそれによる調整

1.3.1 交絡因子とは

一般に，分割表における処理と反応の間の要因分析において，層別すべき変数は**交絡因子**と呼ばれ，その要件は長い年月をかけ経験的に次のようにまとめられている．

1) 交絡因子は反応に影響するものでなければならない．
2) 交絡因子は処理と関連していなければならない．
3) 交絡因子は処理から影響されるものであってはならない．

このうち，1) と 2) がいずれも成り立つと，次項で改めて述べるように

$$処理 \longleftrightarrow 交絡因子 \longrightarrow 反応$$

という道ができてしまい，これが処理と反応の**擬似相関**を生むことになる（詳しくは 3.2.1 項を参照）．このとき，処理と交絡因子の関係は，処理から交絡因子への片側矢線であってはならない．それを規定しているのが 3) である．この条件 3) は次のように理解できる．層別するということは，層別因子の値を固定することである．処理に影響される中間特性を層別因子にすると，処理からその中間特性を経由して反応に影響する因果の道が遮断されてしまい，本来の因果的効果が打ち消されてしまう．なお，処理，反応，中間特性のきちんとした定義は 2.1.1 項で改めて行う．

このように，層別すべき変数の同定には，「影響される」というような因果関係に関する言葉が登場するので，純粋な確率論，数理統計学の用語でこれを記述することはできないことに再度注意する．しかし，このような問題に対しても，我々はなるべく客観的・普遍的な表現を用いたい．そこで，再び因果ダイ

アグラムに登場願おう．

1.3.2　因果ダイアグラムが示す交絡因子の要件

表 1.1 と表 1.3 の背後にある項目間の因果関係を記述したものが図 1.2 である．図 1.2(a) での性別から生死への矢線は「処理の有無にかかわらず男性の生存割合が女性のそれよりも大きい」という因果関係を表し，処理から生死への矢線は「男女のいずれにおいても処理有での生存割合は処理無のそれよりも大きい」という因果関係を表す．また，性別と処理との両側矢線は「男女によって処理有の割合が異なる」という両者の相関関係を表している．この相関関係は「男女によって処理への割り付け割合を変えている」という人為的因果関係から生まれたものかもしれない．その場合は，性別から処理へ片側矢線を引くことになる．しかし，3.1.3 項や 4.2.4 項で詳しく述べるように，背後に第 3 の共通原因があり，性別と処理の間には直接的因果関係はないかもしれない．よって，ここでは両側矢線にしている．ただし，「処理を施すことで個体の性が変わる」という因果関係は明らかに不合理であるから，処理から性別に片側の矢線を引くことは適切でない．

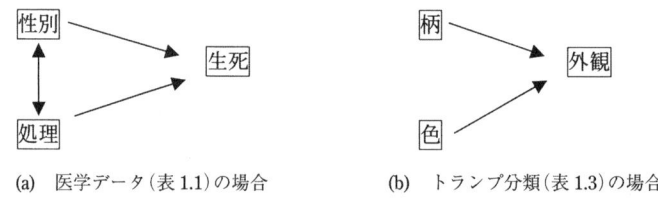

(a)　医学データ (表 1.1) の場合　　(b)　トランプ分類 (表 1.3) の場合

図 1.2　Simpson の例に対する因果ダイアグラム

このように因果ダイアグラムで項目間の因果関係を記述すると，性別が処理と生死に対する交絡因子の 3 つの要件を満たすことをグラフ上で認識できる．それは，1) 性別は生死へ矢線をもっている，2) 性別は処理と相関 (両側矢線) をもっている，3) 処理から性別への片側矢線はない，ということである．

一方，図 1.2(b) での柄から外観への矢線は「乳児が絵札を数札よりも好んだ」ことの影響を表し，色から外観への矢線は「乳児が赤札を黒札よりも好んだ」ことの影響を表している．色と柄は統計的に独立なので，両側矢線で結ばれていない．もともと，色と柄は因果関係を論ずる変数ではないから，興味がある

のは相関関係である．ただし，その場合にも，外観は色と柄から影響を受ける結果であって，結果による層別は要因間に見かけ上の相関を生じさせてしまうことに注意せねばならない．このような結果による層別は**選択による偏り**(selection bias) と呼ばれるもののひとつで，交絡因子による適切な層別が行われない場合と並んで，実質的でない相関を与える主要因である (3.2.3 項を参照).

実は，交絡因子を同定する問題は，このような図的な判定で終わったわけではない．図 1.2(a) により性別が層別すべき交絡因子のひとつであることはわかったものの，患者の属性は性別だけでなく年齢，病歴，居住地など多様である．表 1.1 においては，性別で層別するか否かによって，各処理での生存割合に違いが出た．だとすれば，性別で層別した表 1.1(a) を，さらにいくつかの年齢層で層別したら生存割合がまた異なってしまうかもしれない．いったいどこまで層別すればよいのだろうか，という不安にかられるだろう．

結論からいえば，現段階の層別が完全なものであることを保証する手段はない．しかし，どのような条件のもとでならば現段階の層別で十分か，を明らかにする理論は存在する．よって，そのような十分条件が成り立っているかどうかを技術的に検討するのが現実的作業となる．因果ダイアグラムはこの判定にも活躍する．これについては，第 5 章で詳しく論じる．

1.3.3　回帰分析での交絡因子による調整

前述のように，層別すべき変数は**交絡因子**と呼ばれる．いま，興味ある要因変数と特性変数に対して，交絡因子が過不足なく同定されていたとする．既に述べたように，実際にはこの同定が難しいのだが，仮にこれが完璧に行われているとしよう．すると，要因変数の特性変数への効果を推測する際，交絡因子で層別してこれによる影響を調整する必要がある．その上で，要因効果の大きさを表す統計的パラメータを効率的に推定し，その推定誤差を評価しながら効果の統計的有意性を判定する，というのが統計的因果推論の常套手段である．

要因変数を x，特性変数を y，さらに交絡因子を $z_1, z_2, \cdots, z_p$ としたとき，特性変数が連続値をとる量的変数の場合，重回帰モデルが因果推論に使われる．要因変数と交絡因子は量的変数でも質的変数でもよく，質的変数の場合はダミー変数としてモデルに組み込まれる．重回帰モデルでの交絡因子による調整は，

1.1 節に述べたように，交絡因子を説明変数に含めることで実現する．実に単純な作業である．このとき，要因変数の効果は層の間で一定，すなわち，要因と交絡因子の間に交互作用がないと仮定し，要因効果の大きさを要因変数の偏回帰係数で記述している．現実には，要因効果が層間で厳密に同じということはないから，あくまで各層での効果の平均的な値を記述していることになる．要因効果の有意性は当該の偏回帰係数の有意性に帰着する．この回帰分析による因果推論は本書の主要な話題であり，第 6 章と第 7 章で詳しく論じる．

1.3.4　Mantel と Haenszel の貢献

一方，1.2 節に見た 3 元分割表の場合，すなわち，各変数が離散変数 (1.2 節ではいずれも 2 値変数であった) の場合，交絡因子による調整はどのように行えばよいのだろうか．これに対する回答が Mantel and Haenszel(1959) によって示された．いわゆる統計学の入門書の多くはこの方法を扱っていないが，医学統計などの分野では非常に使用頻度の高い基本的手法である．

$z = k(k = 1, 2, \cdots, K)$ での 2 元分割表において，要因変数の特性変数への効果がないときには，$P\{y=1|x=1\} = P\{y=1|x=2\}$ であるから，周辺度数 $n_{1+k}, n_{2+k}, n_{+1k}, n_{+2k}$ を与えたときの n_{11k} の条件付き分布は超幾何分布になり，その期待値は

$$E[n_{11k}] = \frac{n_{1+k} n_{+1k}}{n_{++k}}$$

であり，分散は

$$Var(n_{11k}) = \frac{n_{1+k} n_{2+k} n_{+1k} n_{+2k}}{n_{++k}^2 (n_{++k} - 1)}$$

となる．すべての k で要因変数の効果がないとすれば，n_{11+} の期待値は

$$E[n_{11+}] = \sum_{k=1}^{K} \frac{n_{1+k} n_{+1k}}{n_{++k}}$$

であり，分散は，層間での度数の独立性より

$$Var(n_{11+}) = \sum_{k=1}^{K} \frac{n_{1+k} n_{2+k} n_{+1k} n_{+2k}}{n_{++k}^2 (n_{++k} - 1)}$$

となる．この期待値と分散が併合された 2 元分割表から算出されたものでなく，層別された分割表から積み上げられたものである点が本質的である．これよりマンテル・ヘンツェル検定統計量は

$$MH = \frac{(n_{11+} - E[n_{11+}])^2}{Var(n_{11+})} \tag{1.3}$$

で与えられる．この統計量は近似的に自由度 1 のカイ 2 乗分布にしたがう．この検定の帰無仮説を 1.2.2 項で定式化したオッズ比 (正確には母オッズ比) で記述すれば

H_0：母オッズ比がすべての層で 1 である

となる．そして対立仮説として

H_1：母オッズ比がすべての層で共通であるが 1 ではない

を想定して導かれた検定統計量が (1.3) 式である．

表 1.1 の 3 元分割表でマンテル・ヘンツェル検定統計量を計算してみよう．男女それぞれで，処理効果がないという帰無仮説のもとでの，処理無での期待生存数を計算すると，男性では

$$\frac{7 \times 12}{20} = 4.2$$

となり，女性では

$$\frac{5 \times 14}{32} = 2.1875$$

となる．この和 $4.2 + 2.1875 = 6.3875$ が，男女で併合した表 1.1(b) から求めた期待度数（表 1.1(b) は処理の有無で生存割合が同じなので，期待度数と観察度数は等しく 6 である）と異なる点が本質である．

同様に分散も求めていくと，マンテル・ヘンツェル検定統計量は

$$MH = 0.0676$$

となり，この数値例では処理の効果は有意でないことがわかる．併合した分割表での通常のピアソン適合度検定では有意でないものの，層別してマンテル・ヘンツェル検定を行うと有意になる数値例は簡単に作れる．試みてほしい．

さらに，Mantel と Haenszel は，検定により帰無仮説が棄却されたときの共

通のオッズ比 η に対する推定量として

$$\hat{\eta} = \frac{\sum_k (n_{11k}n_{22k}/n_{++k})}{\sum_k (n_{12k}n_{21k}/n_{++k})} \tag{1.4}$$

を与えている．実は，共通オッズ比の最尤推定値の算出には反復計算を要することが知られている．そのため当初は，この**マンテル・ヘンツェル推定量**は簡便なものと位置付けられていたが，最近では，極めて合理的な推定基準から導かれるもので，その統計的性質も優れていることが示されている（たとえば，佐藤, 高木, 柳川, 柳本 (1998) を参照）．

ちなみに，対立仮説を単純に H_0 の否定

H_1：母オッズ比が少なくともひとつの層で 1 ではない

とすると，そのときの検定統計量は，帰無仮説のもとでの期待度数が上述の

$$E[n_{ijk}] = \frac{n_{i+k}\,n_{+jk}}{n_{++k}}$$

であるのに対して，対立仮説のもとでの期待度数が観測度数そのものになるので，通常のピアソン適合度検定により

$$\chi^2 = \sum_i \sum_j \sum_k \frac{(n_{ijk} - E[n_{ijk}])^2}{E[n_{ijk}]} \tag{1.5}$$

という検定統計量になる．この場合の自由度は K である．ただし，この検定で有意となっても，処理の効果が支持されたわけではないことに注意しよう．この意味において，マンテル・ヘンツェル検定統計量は，すべての層で処理の効果があるときに検出力の高い指向性検定と位置付けることができる．

1.4 本書のプラン

この章では古典的問題意識と題して，統計的因果推論における問題提起をなるべく具体的な記述で行ったつもりである．これらに対する回答を可能な範囲で与えることが本書の目的で，そのために次章以降では以下のような構成をとった．

まず，本書のひとつのゴールは第 6 章である．ここで，Box の警告に対する

1.4 本書のプラン

今日的回答を与える．それは，因果推論のための回帰分析では，変数間の**因果ダイアグラム**を作成し，**バックドア基準**に基づく説明変数の選択を行うことである．これこそが回帰分析の abuse を use に変えるための技法である．この第 6 章の結論を演繹的に導くために，かなりの準備が要る．それを行っているのが第 2 章から第 5 章までである．

第 2 章では，処理，反応，共変量，および中間特性という変数の分類を行った後は，ややわき道にそれる．因果ダイアグラムとは異なるストリームから生まれた統計的因果推論の理論体系である潜在反応モデルについて詳しく説明している．ここで因果的効果の厳密な定義を反事実的モデルのもとで行い，無作為化実験の意義を確認する．一方で，無作為割り付けがなされていない観察研究で，無作為化に準じる**強い意味での無視可能性**を紹介する．実はこの概念はバックドア基準と本質的に等価である (そのことは第 5 章できちんと述べる)．さらに，観察研究における層別，マッチングで極めて有用な**傾向スコア**についても実施例をつけて説明している．佐藤 (2002) によれば，傾向スコアは「紹介されなかった多変量解析法」であり，その有用性のわりに知名度は確かに低い．

第 3 章では，有向グラフを用いた統計的因果分析のパイオニアである Wright の**パス解析**と**線形構造方程式モデル**についてレビューする．構造方程式モデルが単なる統計的関連モデルでなく統計的因果モデルであることを強調し，線形構造方程式モデルが生み出す変数間の相関構造については基礎から説明する．そして，線形構造方程式モデルと回帰モデルの違いについては，くどいほど述べる．その典型は，回帰モデルにおける**偏回帰係数の添字**にある．通常，回帰モデル，回帰分析では

$$y = \beta_0 + \beta_1 x_1 + \beta_2 x_2 + \cdots + \beta_p x_p + \varepsilon \quad (1.6)$$

というような表記がなされる．実は，このような表記法が回帰分析の abuse の源なのである．

第 4 章では，非巡回的有向グラフが規定する確率モデルを説明する．これが因果ダイアグラムで規定される統計的因果モデルの数学的基盤になる．はじめに，条件付き独立性に関する基礎的数理を確認し，非巡回的有向グラフが規定する確率モデルでの**マルコフ性**を詳しく述べる．ここで登場する**有向分離**の概

念は必ずしもわかりやすいものではないのだが，第5章以降の議論で不可欠であるので，時間を十分かけて読み進めてほしい．また，忠実性と観察的同値性は第8章の議論のための準備である．

第5章では，線形構造方程式モデルを拡張した一般的な構造方程式モデルを取り上げる．そこでは，パス解析で定義された**総合効果**という因果的測度を**介入効果**という形で一般化する．そして，介入効果の識別可能条件として，**バックドア基準**を説明する．ここが極めて重要である．また，別な識別可能条件として**フロントドア基準**を紹介するとともに，因果パラメータを識別するための古典的手法である**操作変数法**についても因果ダイアグラムの立場から見直す．

第6章では，以上の準備をもとに，回帰分析によって因果推論を行う際の基本的ストラテジーを提示する．予測を目的とする従来の回帰モデルの選択プロセスとは全く異なるモデル選択基準がそこにある．またここでは，筆者らの研究成果もいくつか紹介させてもらっている．上述のように，この章を記述することが本書執筆の大きなモチベーションであった．

第7章と第8章は補足的内容である．第7章では，**条件付き介入**と**同時介入**について述べる．工学的応用においては，目的変数の変動を小さくするというねらいがある．これに合理的に応える枠組みが条件付き介入である．また，臨床の場において，同一の個体について治療を複数回施すというのはよくあることである．これらの治療効果をモデル化しているのが同時介入効果である．一方，第8章では，観測された変数間の相関関係(単相関と偏相関を含む)から，背後にある非巡回的有向グラフを**復元**させる作業の可能性と限界を論じる．特に，背景知識が果たす役割を定式化した．第7章と第8章の内容は，筆者らの研究によるところが少なくないので，かなり手前味噌なのであるが，最後までお付き合いいただければ望外の喜びである．

2

因果推論の基礎概念

2.1 因果推論を構成するもの

2.1.1 変数とその分類

統計的分析の対象は個体のある集団である．個体の測定で得られる量において「その値がなぜ個体間で変動するかを知りたい」という意味で科学的興味のあるものを**反応変数**あるいは単に**反応**という．**基準変数**とか**目的変数**などと呼ぶこともある．

個体に対して人為によって与えられた条件を**処理変数**あるいは単に**処理**という．実験研究では，実験者が意図的に個体に処理変数を割り付ける．一方，観察研究では，受動的な立場にある研究者が直接処理変数を割り付けることはなく，割り付けられた結果を観測する．このとき処理変数の本質は，すべての個体に対して，観測されたものと異なる条件あるいは値をとることが潜在的に可能であったと考えられる点にある．すなわち**反事実的な** (counterfactual) 仮定が可能な変数である．人為の主体は，個体以外の第三者の場合もあるし，個体自身の場合もある．臨床医による薬剤投与は前者であり，肺がんなどの危険因子である喫煙習慣は後者とみなせる．疫学・医学研究の分野では，臨床試験等で無作為に割り付けることができる処理変数を**治療**，飲酒や喫煙などの研究者がコントロールできない処理変数 (特にリスク要因) を**曝露**と呼び区別している．

統計的因果推論の主目的は，処理変数が反応変数に及ぼす因果関係を定量的に評価し，それを利用することといえる．処理変数は，異なる条件や値をとることが可能な変数であるから，適切な条件や値を選定することに意味があり，実際にそれを個体へ割り付けることに意義がある．

個体へ処理変数を施す前に個体が有している属性を**共変量**という．**背景因子**，**付随変数**などとも呼ばれる．年齢や性別などがそれである．反応変数と違って，その変動の理由について関心のないものであるが，反応変数に影響する可能性がある．しかし，処理変数と違って，個体に固有のものだから，異なる値をとっていた反事実的状況を想定することに積極的意味がなく，反応変数への影響を利用することも難しい．個体属性に加えて，外的要因を共変量とみなすことが妥当な場面もある (Cox(1992))．

処理変数と共変量の峻別は，工業実験における制御因子と標示因子の分類に似ている．**制御因子**とは，図面とスペックに指定する設計パラメータや製造方法であり，水準選択に意味のある因子である．**標示因子**とは，品種や出荷先など水準選択に意味のない因子である．

処理変数を割り付けた後に観測される量で，反応変数に影響を与える可能性のあるものを**中間特性**あるいは**補助特性**と呼んでいる．

以上に述べた分類において，処理変数と共変量および中間特性は，いずれも反応変数に影響しうる要因で，反応変数の変動を説明する候補である．そのため，形式的な回帰分析では，それらがあまり区別されずに説明変数として用いられることが多い．しかし，この分類は利用できる因果的効果を評価する上で極めて重要である．反応変数を含めたこれらの因果的位置関係は図 2.1 のようにまとめられる．

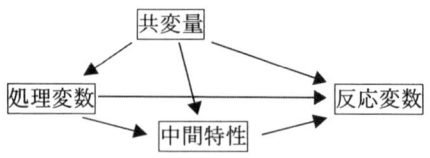

図 2.1 変数の分類とそれらの因果的関係

共変量と中間特性の峻別は，前章に述べたように，交絡因子の同定に本質的である．すなわち，共変量を層別因子として用いるのはよいが，中間特性で層別するのは誤りである．同様な指摘は，補助測定値のある実験データの解析方法である**共分散分析**においてもなされている．共分散分析とは，実験因子に加えて補助測定値を説明変数にした要因分析であり，因子の要因効果を補助測定

値で層別して評価することに相当する．よって，共分散分析における補助測定値とは，実験の初期条件でのばらつきを示す共変量であって，因子(処理)の影響を受ける中間特性であってはならないことになる．

2.1.2 実験研究と観察研究

ポアンカレ (H. Poincare) は，その著書「科学と方法」の冒頭で「科学の方法は観察と実験とに存する」と述べている．統計的因果推論の方法も，その言葉通り，観察と実験とに存している．一般に，実験の目的は

1) 理論や仮説が正しいかどうかを実際にためすこと
2) 自然現象に人工を加えて変化を起こさせ観察すること

に大別される．1) は**仮説検証型実験**，**演繹的実験**，あるいは**ガリレイ流実験**と呼ばれ，自然界の法則を究明する実験的研究の正道である．一方，2) は**仮説探索型実験**，**帰納的実験**，あるいは**ベーコン流実験**と呼ばれるもので，利用価値のある経験的因果関係の発見を目的とする科学技術的実験である．いずれも16世紀後半から17世紀前半にかけて確立された．

ひとつの処理とひとつの反応があり，他の要因のすべてを固定したとき，その処理の有無が反応の変化を与えるならば，処理と反応の間に**経験的因果関係**があるという．これを正しく認識するためには，その定義にしたがい，他の要因を意図的に固定した状況設定をする．これが**統御された実験**である．

現実には，他の要因というのは無数にある．しかし，少し考えればわかるように，固定すべき要因とは反応に影響するものであって，影響しないものは放っておいてかまわない．これは1.3節に述べた交絡因子の条件1) に相当する．よって，興味ある反応変数に対して影響する要因が少ない現象については，統御された実験はうまく機能する．物体に外部から作用させる力と加速度との関係などがそうである．一方，心筋梗塞という反応には実に多様な要因が考えられる．工業や農業での製品特性や収率にも多くの要因が影響している．

このように多くの制御の容易でない要因が存在する場で，複数の処理条件での反応を比較する方法として，**フィッシャーの実験計画法**が創出された．その核となる技法は，**統御された無作為化実験**である．支配的な要因についてはなるべく固定しておき(これを**局所管理**という)，そのもとで用意された複数の個

体に対して，比較したい処理条件を**無作為**に割り付ける．これにより処理条件間で，その他の要因は期待値的にはバランスする．

このとき，他の要因は処理変数を割り付ける前に定まっている共変量とみなせる．そこで図 2.1 と同様に共変量と処理変数および反応変数の関係を考える．無作為化という操作によって，共変量と処理変数の間の統計的関連が消滅し，共変量は交絡因子の条件 2) に該当しなくなっている．これを図 2.2(a) に示す．これに対し無作為化という研究者の介入が入らない観察研究では，三者の関係は図 2.2(b) に示すものになる．これは図 2.1 から中間特性を除いたグラフである．

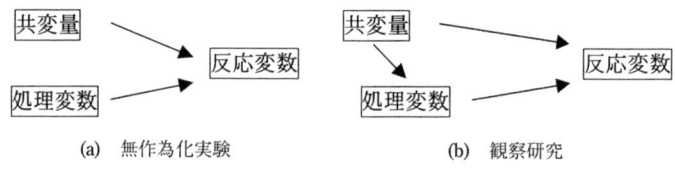

(a) 無作為化実験　　　　(b) 観察研究

図 2.2 実験研究と観察研究の違い

今日，統御された無作為化実験は経験的因果関係を推論するための最も強力な研究手段であると認識されている．工業・農業はもとより，医学・薬学においても，新薬や新治療法の効果を科学的に判定するための臨床試験では統御された無作為化実験が採用されている．その一方で，リスク要因と疾病発生の因果関係を調べる**疫学**では，健康に悪影響を与える要因を研究対象にしているので，これを対象者に無作為に割り付けることは倫理的に許されない．また，政府の行う経済施策とその経済効果についても実験的研究は不可能に近い．そのような場面では，観察研究による因果推論という極めて難しい課題に取り組まねばならない．

2.1.3　観察研究のデザイン

因果推論のための観察研究の研究デザインには，予見研究と回顧研究および断面研究がある．

ある時点で，個体の集団に対して処理変数と考えられる変数を測定し，その集団を一定期間追跡して，その後に発生する事象を観測する研究を**予見研究**という．**前向き研究**，**コホート研究**とも呼ばれる．時間の流れと因果関係を調べ

る順序が一致していて，実験に近い研究デザインである．ただし，処理変数であってもその割り付けが研究者によって行われていないという点，また，処理変数以外の要因についてのコントロールが行われていないという点が実験との大きな相違点となる．

　予見研究は集団を前向きに追跡しているので，ある要因について複数の反応変数を調べることができる．また，主たる興味の反応に至るまでの中間特性を繰り返し測定できるなどの特徴がある．集団の設定においては，たとえば研究開始時点において喫煙習慣のある者の集団とない者の集団というように，興味ある処理変数の水準ごとに部分集団をデザインできる．そして，各部分母集団から，たとえば喫煙習慣のある集団から300名を，喫煙習慣のない集団から600名をそれぞれ(理想として無作為に)サンプリングする．よって，2値反応については，部分集団ごとの反応発生割合を推定できる．ただし，反応によっては大規模な集団の長期間の観察が必要になる．

　これに対して，ある時点で個体の集団に対して反応と考えられる変数を観測し，それから各個体の歴史を過去に遡って，その反応を説明できる処理変数について測定する研究を**回顧研究**という．**後ろ向き研究**，**ケース・コントロール研究**とも呼ばれる．ケース・コントロール研究と呼ばれるのは，2値反応の場合に反応有りの集団をケースグループとしたならば，その比較対象として反応無しの集団をコントロールグループとして設定し，各グループからサンプリングした標本について研究するからである．薬害や集団食中毒，市場クレームなど，望ましくない反応の原因を究明するときには，有用な研究方法である．

　回顧研究での集団は反応(結果)をもとに形成されているので，処理変数の水準ごとの反応発生割合を推定することはできない．たとえば，ある時点，ある地域で発生した食中毒患者から50名をサンプリングし，健常者から200名をサンプリングし，それぞれの標本で食品Aを摂取したかどうかを調べ，その結果を表2.1のようにまとめたとしよう．

　食品Aの摂取者は合計 $41 + 58 = 99$ 名である．これより食品Aの摂取集団での食中毒発生割合を $41/99 = 0.414$ と推定するのは誤りである．この割合は食中毒患者と健常者の標本数に依存するからである．たとえば，健常者を10倍の2000名調査したときのデータを想定してみるとよい．健常者からのサンプ

表 2.1 食中毒原因の回顧研究における 2 元分割表

	食中毒患者	健常者
食品 A 摂取	41	58
非摂取	9	142
計	50	200

リングが無作為抽出であれば，健常者中の食品摂取者数は表 2.1 での値の 10 倍である 580 名に近い数になり，上記の割合と全く異なる値を得ることになる．

以上に述べたことを一般的に定式化し，予見研究と回顧研究で得られた 2 元分割表でそれぞれ推測可能な母数を明らかにしてみよう．

いま，処理変数を x，反応変数を y とし，それぞれ 2 値変数 (1 または 2 をとる) とする．予見研究では，x を指定した部分母集団からの標本において y を観測するので，条件付き確率 $P\{y=j|x=i\}$ を推定できる．これに対して回顧研究では，y を指定した部分母集団からの標本において x を観測するので，推定可能な条件付き確率は $P\{x=i|y=j\}$ である．**ベイズの定理**より

$$P\{y=j|x=i\} = \frac{P\{x=i|y=j\}P\{y=j\}}{P\{x=i|y=1\}P\{y=1\}+P\{x=i|y=2\}P\{y=2\}} \tag{2.1}$$

であるから，回顧研究で推定できる $P\{x=i|y=j\}$ より，要因の水準ごとの反応発生割合 $P\{y=j|x=i\}$ を求めるには，$P\{y=j\}$ に関する情報が必要なことがわかる．しかし，表 2.1 のように列和を所与とした回顧研究では，$P\{y=j\}$ を推定することはできない．また，$P\{y=j\}$ が既知のときにも，列和をこれに比例させることは統計的検定の立場からは必ずしも効率的でない．帰無仮説を $H_0: P\{x=1|y=1\}=P\{x=1|y=2\}$ とする検定において，総サンプル数が一定のもとでは，列和が等しいときに検出力が最大になるからである (たとえば Lehmann(1959)4.6 節を参照)．

さて，回顧研究で推定可能な母数は $P\{x=i|y=j\}$ であるから

$$\frac{P\{x=1|y=j\}}{P\{x=2|y=j\}} = \frac{P\{x=1,y=j\}}{P\{x=2,y=j\}} \quad (j=1,2)$$

という同時確率の比は推定できる．よって，1.2 節に導入した (母) **オッズ比**

$$\eta = \frac{P\{x=1, y=1\} P\{x=2, y=2\}}{P\{x=1, y=2\} P\{x=2, y=1\}} \tag{2.2}$$

は推定可能な母数である．以上の展開からわかるように，オッズ比は列和を所与とした回顧研究だけでなく，行和を所与とした予見研究においても推測可能な母数である．それゆえ，2元分割表にまとめられる要因と反応の関係を示す度数データの解析では，関連性の測度としてオッズ比が多用される．

さらに，ある時点で個体の集団に対して，処理変数と反応に関するいくつかの変数を測定する研究を**断面研究**という．断面研究の主目的は処理変数と反応の同時分布の把握という実態調査であり，それには対象とする集団からのランダムサンプリングが基本である．それにより，上述の定式化で言えば，同時確率 $P\{x=i, y=j\}$ が推定可能になり，これから任意の条件付き確率が算出できる．しかし，因果の過程に長い時間を要する場合には，断面研究のみでの因果推論には限界がある．

2.2 因果推論の課題

2.2.1 因果推論の3つの目的

因果推論を論じるために必要ないくつかの用語，概念について準備をしたところで，因果推論の目的を整理しておこう．一般に**因果分析**，**因果推論**と呼ばれる行為には

1) 観察された結果に対する原因の究明
2) 観察された因果関係に対する因果メカニズムの解明
3) 観察された因果関係における因果的効果の定量的評価

があるとされている (Holland(1986))．これらは必ずしもたがいに排反するものでなく，たがいに補完しあうものである．しかし，統計的因果推論の主たる課題は3) にある．すなわち，**結果の原因**(the causes of effects) よりも，**原因の効果**(the effects of causes) を調べることに力点が置かれる．3) に先立つ因果関係の同定を論じようとすると，「そもそも因果関係，因果律とは何か」という哲学的議論に足を踏み入れなければならなくなる．それに深入りすることは本書の趣旨ではないので，以下では方法論的な側面に絞って議論する．

2.2.2 因果関係を同定する4つの方法

19世紀の哲学者ミル（J. S. Mill）は，因果関係を同定するための4つの方法を与えている．これは今日でも原因究明の指針として有効であり，いわゆる問題解決法を論じたノウハウ本の原点になっていると思われる．次の記述はHolland(1986)に基づいている．

① 一致の方法（The Method of Agreement）

ある現象の2つ，もしくはそれ以上の発生事例が共通するひとつの状況を有しており，その状況のみが事例間で一致するとき，その状況は与えられた現象の原因である．

② 付随変動の方法（The Method of Concomitant Variation）

ある現象が変動するときには常に別なある現象が変動しているとき，一方は他方の原因もしくは結果である．さもなければ，両者はある因果関係を通して結びついている．

③ 差の方法（The Method of Difference）

興味ある現象が発生した事例と発生しなかった事例において，ひとつの状況を除いて両者は共通であって，その状況が発生事例のみに存在するとき，その状況は現象の結果もしくは原因の欠くことのできない部分である．

④ 残余の方法（The Method of Residues）

ある現象から，その現象の原因となることが知られている先行事象で説明される部分を引き去ったとき，その残りの部分は他の先行事象の結果である．

以上の方法はいずれも，興味ある現象とその周辺に関する**共通性**を個別の事例から**帰納的**に**推論**するものであるから，統計的見方，方法が有効である．

2.2.3 因果メカニズムの解明

次に因果メカニズムの解明について考える．実は，ここで役立つのが**中間特性**である．一般に，ある処理変数 X と反応変数 Y の間に観察された経験的因果関係のメカニズムを解明するという作業は，X と Y の間にいくつかの中間変数を介在させ因果の連鎖を形成することである．たとえば，X が変化することで Z が変化し，Z の変化が W の変化を生み，W の変化が Y の変化を引き起こすというように，$X \to Z \to W \to Y$ という因果の連鎖を構成する．このとき，

個々の鎖 $X \to Z$, $Z \to W$, $W \to Y$ が我々の既存の知識・経験に合致したとき，メカニズムは解明できたという．では，個々の鎖はどのように認知されたかといえば，物理学の研究方法がそうであるように，観察された個別事例から帰納推論されたものであり，それ自体が経験的因果関係に他ならない．この点において，因果関係とは，ヒューム（D. Hume）が18世紀に指摘したように，<u>事実の間の関係</u> というよりも <u>経験の間の関係</u> なのである．

統計的因果推論では，最終的な目的が

- ある処理変数に人為的介入を施したときの反応変数の分布を推測する．

という実益につながる**技術的目的**にあったとしても，その過程において

- 観察された相関関係を統計的因果モデルで説明する．

という**科学的目的**が存在する．中間特性の測定は，前者に対しては直接には貢献しないが，後者には極めて重要な役割を果たす．我々が取り扱う現象は，たびたび複雑で，ある原因の結果は別の結果の原因になるというように因果関係は階層的であるから，因果メカニズムを記述した統計的因果モデルには多くの中間特性が登場する．実際，因果ダイアグラムは中間特性が多いほどリッチなものになる．

2.3 潜在反応モデル

2.3.1 反事実的モデルによる因果的効果の定義

因果的効果とはそもそも相対的な概念であり，個体がある条件を満たすときとそうでないときの反応の違いである．2.1.3項と同様に処理変数を x, 反応変数を y とし，処理変数は 1 もしくは 2 の値をとる 2 値変数とする．反応変数は離散量でも連続量でもよい．

ある個体 u に処理 $x=1$ を割り付けたときの反応を $y_1(u)$ とし，同様に $x=2$ を割り付けたときの反応を $y_2(u)$ とする．このようなモデルを**ネイマン・ルビンの潜在反応モデル**という（Neyman(1923)が基本的考え方を与え，Rubin(1974)が定式化した）．潜在というのは，これらの反応が予め決まっているという意味で，$y_1(u)$ と $y_2(u)$ は確率変数でなく確定数である．さらに，$y_1(u)$ と $y_2(u)$ はどちらか一方しか観測されない．個体 u に $x=1$ を割り付ければ，$y_1(u)$ が

観測され，$y_2(u)$ は観測されない．受動的な観察研究で，個体 u について $y_1(u)$ を観測したときには，「仮に個体 u に $x=2$ を割り付けていたならば」という**仮定法過去**の設定で $y_2(u)$ を考えることになる．その意味で**反事実的モデル**ともいう．

潜在反応モデルでは，$y_1(u)$ と $y_2(u)$ との差を個体 u における処理変数 x の因果的効果と定義する．ここでいう差とは，違いを表す測度ということで，必ずしも算術上の差に限定するものでなく，比をとることが合理的な場合はそれでよい．ただし，今後の展開では，その広い意味で $y_1(u) - y_2(u)$ と表記する．

さて，このように個体における因果的効果を定義すると，因果的効果は観測されないことになる．これを**因果推論の基本的問題**という．では，因果的効果を観測されないものとして定義すること自体がナンセンスなのだろうか．実はそうではない．我々にとって意味のある因果的効果とは，まさに同一個体内での2つの反応の差である．特に関心があるのは同一個体が自分の場合である．たとえば受験生の場合，塾に行くかどうか，行く場合にはどの塾に行くかはとても重要な処理変数である．このとき，塾の成績への因果的効果は，その受験生が塾に行ったときと行かなかったときの成績の差で測られるのが当然であって，塾に行った自分と塾に行かずに自宅で勉強した友人との比較は的外れである．つまり，意味のある因果的効果とは，ある個人に今までと違う処理条件を与えることで，その個人の反応に望ましい変化が現れるという現象である．この点からして，上述の因果的効果の定義は意味がある．

すると我々の課題は，観測されない因果的効果をいかにして観測可能な量に置き換えて推定するかである．多くの実質科学で採用されてきた解法のひとつは，なるべく似た個体 u と u' を用意して，$y_1(u)$ と $y_2(u')$ を観測するものである．同じような年恰好で，体重や脂肪率などの身体的特性，さらには食生活や過去の病歴も類似した人を探してくる．このような作業は観察研究では**マッチング**と呼ばれる (実験計画法での**局所管理**に対応する)．しかし，この解法の泣き所は，十分な類似性を検証する方法がないことである．

もうひとつの解法は統計的アプローチである．その因果的効果に興味のある処理変数が施されうる個体の集団を想定する．もちろん，$y_1(u) - y_2(u)$ は個体ごとに多少は異なるから，その集団での反応の分布を考える．すなわち，$x=1$

での反応 Y_1 と，$x=2$ での反応 Y_2 を確率変数として定式化し，両者の差の期待値

$$E[Y_1 - Y_2] = E[Y_1] - E[Y_2] \tag{2.3}$$

を**集団での因果的効果**と定める．つまり集団での平均的効果である．

2.3.2 無作為化の威力

ここで注意すべきは，(2.3) 式で与えられる集団での因果的効果も一般には推定可能ではないことである．というのは，$E[Y_1]$ は集団のすべての個体に $x=1$ を割り付けたときの反応の平均であり，$E[Y_2]$ は集団のすべての個体に $x=2$ を割り付けたときの反応の平均である．よって，少なくとも両者をともに観測することができないことは明らかである．直接観測できないものを合理的に推定するには何らかの工夫が必要で，統計的方法の役割はそこにあるともいえる．

各個体に処理条件 $x=1$ と $x=2$ のどちらを割り付けるかを示す変数を考え，これを確率変数 W として定式化する．この W も 2 値変数で，$W=1$ は $x=1$ の割り付けを，$W=2$ は $x=2$ の割り付けを意味する．すると観測されるものは，$W=1$ の個体における Y_1 の実現値と，$W=2$ の個体における Y_2 の実現値である．よって

$$E[Y_1|W=1] - E[Y_2|W=2] \tag{2.4}$$

は明らかに推定可能である．ただし，(2.3) 式と (2.4) 式は一般に異なる．

(2.3) 式と (2.4) 式が一致するための方法を Fisher が考案した．それは，各個体に対して W を 1 にするか 2 にするかを乱数にしたがって決めるという方法である．すなわち，**無作為割り付け**である．この無作為化によって，W と (Y_1, Y_2) は統計的に独立になる．このとき

$$\begin{aligned} E[Y_1|W=1] = E[Y_1|W=2] = E[Y_1] \\ E[Y_2|W=1] = E[Y_2|W=2] = E[Y_2] \end{aligned} \tag{2.5}$$

が成り立つ．よって，(2.4) 式で登場する条件付き期待値と (2.3) 式に登場する期待値が等しくなるというわけである．これは大発明である．実際，乱数という

のは自然界にはない人工物である．これにより無作為化実験では，集団の因果的効果を偏りなく推定できることが保証された．(2.5) 式において $E[Y_1|W=2]$ と $E[Y_2|W=1]$ が反事実的な量であることに注意する．

さらに，無作為割り付けでは，W は個体が有する共変量とも独立になる．正確には，共変量を確率変数ベクトル Z で定式化したとき，W と (Y_1, Y_2, Z) が独立になる．すると，4.1 節で詳しく述べる条件付き独立性に関する性質より，Z を与えたときに W と (Y_1, Y_2) は条件付き独立になる．よって，無作為化実験では，事後的に共変量によって個体を層別し，各層で処理条件の比較をしても，因果的効果を偏りなく評価できる．

2.3.3 強い意味での無視可能性

さて，無作為割り付けが可能な実験研究では，集団での因果的効果を偏りなく推定できることがわかった．一方で，無作為割り付けがなされていない観察研究ではどうなのであろうか．

無作為割り付けがなされていないと，1.3 節に述べた交絡因子が存在する可能性が出てくる．すなわち，反応変数に影響する共変量の分布が $W=1$ の個体集団と $W=2$ の個体集団の間で異なっていると，そのような共変量は交絡因子の要件 2) を満たすことになる．

実は交絡という言葉は，統計学の応用分野によってニュアンスが若干異なり，実験計画法では，複数の要因効果が**別名関係**[*]にあり分離できないことを意味する．また，多元分割表ではユール・シンプソンのパラドックスのように**併合可能でないとき** (詳細は 5.2.4 項で述べる)，交絡しているという．一方，因果推論では交絡は**因果的効果を推定するときの偏り**を意味し，(2.5) 式における

$$E[Y_1|W=1] = E[Y_1|W=2]$$
$$E[Y_2|W=1] = E[Y_2|W=2]$$

を「交絡していないこと」の数学的定義とする (たとえば Greenland, Robins, and Pearl(1999))．すると，この式には反事実的な量が含まれているので，交絡していないことを保証する手立てはないことになる．

[*] たとえば，2^k 型直交表を用いた一部実施実験で，ある 2 列に割り付けた因

子 A と B の交互作用 A×B が現れる列に，第 3 の因子 C を割り付けたとき，2 因子交互作用 A×B と主効果 C は**別名関係**(aliasing relation) にあるという．つまり，これらの要因効果は分離して求めることができない． □

Rosenbaum and Rubin(1983) は，因果的効果の推定に関して次のような概念を与えている．いま，処理割り付けのメカニズムは確率変数 W によって表現されている．このとき，共変量のある集合を Z として，Z を与えたときに W と (Y_1, Y_2) が条件付き独立になるならば，処理割り付けは Z を与えたもとで**強い意味で無視可能である**(strongly ignorable) という．4.1 節で述べる定理 4.2 を用いると，W と (Y_1, Y_2, Z) が独立ならば，すなわち無作為割り付けがされているならば，W は共変量 Z を与えたもとで強い意味で無視可能になる．

処理割り付けが Z を与えたもとで強い意味で無視可能であるとき，**条件付き独立性に関する性質**(4.1 節を参照) により

$$E[Y_1|W=1, Z=z] - E[Y_2|W=2, Z=z] \\ = E[Y_1|Z=z] - E[Y_2|Z=z] \tag{2.6}$$

が成り立つ．ここで，$Z=z$ を与えたもとでの反応の条件付き期待値とは，共変量の値で層別したときの，各層内での反応の期待値を意味する．

さらに，**条件付き期待値に関する全確率の公式**

任意の確率変数 Y と X において，$E[Y] = E_X[E[Y|X]]$

を用いると，共変量 Z の分布がわかれば，$Z=z$ を与えたもとでの反応の条件付き期待値を Z の分布でさらに平均することで

$$E_Z[E[Y_1|Z] - E[Y_2|Z]] = E[Y_1] - E[Y_2] \tag{2.7}$$

となるので，(2.3) 式が推定可能になる．以上をまとめると，処理割り付けが共変量 Z を与えたもとで強い意味で無視可能であるならば，共変量で層別し，各層における処理条件間の反応の差を求め，層の大きさに比例させた反応の差の重み付き平均を求めれば，(2.3) 式の集団での因果的効果を偏りなく推定できるということである．

ただし，これで喜んではいけない．強い意味で無視可能の定義には，観測不

能な反事実的量 (Y_1, Y_2) が含まれている．よって，処理割り付けがある共変量 Z を与えたもとで強い意味で無視可能であるかどうかを，統計的データから検証することはできない．このことは，先に述べた「交絡していないことを統計的に保証する手立てはない」ことに通じる．

しかし幸いなことに，この難題についても**因果ダイアグラム**が若干の光明を与えたのである．仮に因果ダイアグラムが正しいとすると (この点で依然として仮定は残るのであるが)，どの共変量を与えれば強い意味で無視可能になるかの判定が因果ダイアグラムの上で極めて容易に (多少の慣れは必要だが) できるようになったのである．この判定基準は**バックドア基準**と呼ばれる．これについては，5.2 節で詳しく論じる．

2.4 傾向スコアによる層別

2.4.1 傾向スコアとは

この項と次項では，処理割り付けがある共変量 Z を与えたもとで強い意味で無視可能であることを仮定する．そのときは共変量 Z で層別し，各層における処理条件間の反応の差を求めればよい．ところが，多くの場合，そのような共変量は (性別，年齢，体重，血圧，…) といった多次元のベクトル変数になる．よって，すべての要素となる変数について層別しようとすると，各層に含まれる個体数が極めて少なくなる．ひとつの層にひとつの個体ということにもなりかねない．

そこで，共変量の次元の縮約が必要となる．Rosenbaum and Rubin(1983) はこれについて強力な方法を与えた．これまで通り，処理変数は 2 値変数で，処理への割り付けを記述する確率変数が W である．共変量ベクトルを Z とする．$Z = z$ を与えたときに，処理条件 1 に割り付けられる条件付き確率

$$e(z) = P\{W = 1 | Z = z\} \tag{2.8}$$

を**傾向スコア**（propensity score）という．

2.4.2 傾向スコアのバランシング性

交絡因子の要件 2) より，交絡因子となる共変量の分布は，$W=1$ の集団と $W=2$ の集団との間で異なっている．それゆえ，これに対する調整が必要である．このとき傾向スコアについては次の定理が成り立つ．なお，定理には証明もつけた．予め 4.1 節に目を通していただけると，証明の展開が理解しやすいであろう．

【定理 2.1】傾向スコアのバランシング性

傾向スコアを与えたとき，処理割り付けを示す W と共変量 Z は条件付き独立になる． □

この定理によれば，$W=1$ の集団と $W=2$ の集団から，傾向スコアの値が同じ個体だけを集めてくれば，その部分集団間では共変量の分布は同じということになる．つまり，多次元変数 Z の実現値 z で層別せずとも，スカラー値 $e(z)$ のみで層別すれば，Z の影響を受けずに処理間比較が行えるのである．

（定理 2.1 の証明）

いま，条件付き確率として $P\{W=1\,|e(z)\}$ を考えると，**全確率の公式**より

$$P\{W=1\,|e(z)\} = \sum P\{W=1\,|Z=z, e(z)\}\, P\{Z=z\,|e(z)\}$$
$$= E_Z\left[P\{W=1\,|Z, e(z)\}\,|e(z)\right] = E_Z\left[P\{W=1\,|Z\}\,|e(z)\right]$$
$$= E_Z\left[e(Z)\,|e(z)\right] = e(z)$$

となる．すなわち，$e(z) = P\{W=1\,|Z=z\} = P\{W=1\,|e(z)\}$ である．また，$e(z)$ は z の関数だから $P\{W=1\,|Z=z, e(z)\} = P\{W=1\,|Z=z\}$ が成り立つ．これより

$$P\{W=1\,|Z=z, e(z)\} = P\{W=1\,|e(z)\}$$

が導かれ，題意が示された． □

傾向スコア以外の共変量の関数 $b(z)$ を考えたとき，$b(z)$ も**バランシング性**，すなわち，$b(z)$ を与えたとき W と共変量 Z は条件付き独立になるという性質を満たすとしよう．このとき，$b(z)$ が $e(z)$ の (恒等関数以外の) 関数になるこ

とはない.つまり,$b(z)$ が $e(z)$ よりも縮約された量になることはありえないことが示されている.この点で傾向スコアはバランシング性をもつ共変量の関数として最も縮約された量である.傾向スコアについては次の定理も重要である.

【定理 2.2】傾向スコアの無視可能性の保存

処理割り付け W が共変量 Z を与えたもとで強い意味で無視可能であるならば,W は傾向スコア $e(z)$ を与えたもとで強い意味で無視可能である.　□

(定理 2.2 の証明)

仮定より $P\{W=1|y_1,y_2,Z=z\} = P\{W=1|Z=z\}$ である.定理 2.1 の証明と同様な全確率の公式による展開と,その過程で得られた結果を利用すれば

$$\begin{aligned}
P\{W=1|y_1,y_2,e(z)\} &= E_Z\left[P\{W=1|y_1,y_2,Z\}|y_1,y_2,e(z)\right] \\
&= E_Z\left[P\{W=1|Z\}|y_1,y_2,e(z)\right] \\
&= E_Z\left[e(Z)|y_1,y_2,e(z)\right] \\
&= e(z) = P\{W=1|e(z)\}
\end{aligned}$$

を得る.よって題意を得た.　□

傾向スコアの推定には通常,**ロジスティック回帰モデル**

$$e(z) = \frac{\exp(\beta^T z)}{1+\exp(\beta^T z)} \tag{2.9}$$

が使われる.観測された共変量と処理条件への割り付け結果よりモデルのパラメータ β を最尤推定で求めるのが普通である.

傾向スコアは連続値であるから,その値をいくつかの区間に分けて,各区間を層とする.そして,各層ごとに $W=1$ の個体と $W=2$ の個体を統計的に比較する.ただし,傾向スコアの定義からして,傾向スコアの大きな層には $W=1$ の個体が多く,逆に傾向スコアの小さい層には $W=2$ の個体が多くなるというように,処理条件間での個体数にアンバランスが生じる.特に,上のロジスティック回帰モデルのあてはまりが極めてよい場合はそうである.よって,区間の作り方が悩ましいという面があるし,かなりの標本数がないと実際にはう

まく機能しない.次項の適用例を検討してほしい.これは傾向スコアの欠点というよりも,観察研究による因果推論の困難さと限界を意味していると考えたほうがよい.

2.4.3 傾向スコアの適用例

佐々木,古野 (2000) に報告されている事例を用いる.このデータは,総コレステロール値が 220 mg/dL 以上の 45～74 歳の日本人男性を対象にして,ある高脂血症治療薬の効果を従来治療法と比較評価することを目的に収集されたものである.解析対象は試験に参加した症例,計 5640 例のうち,総コレステロール値が 300 mg/dL 以上,使用禁止薬の使用など不適格例を除いた合計 3848 例で,そのうち 2217 例が高脂血症治療薬 (以下,**処理群**という) を,1631 例が従来治療法 (以下,**対照群**という) を受けた.試験は 1990 年 5 月から 1997 年末までで平均追跡調査期間は 5 年である.無作為割り付け時に不均衡が生じたという.

そこで実際に 12 個の背景因子について,処理群と対照群での比較を行った結果を表 2.2 に示す.2 群間の有意差検定はノンパラメトリック法のウィルコクソン検定を用い,2 値変数はカイ 2 乗検定を用いた.表 2.2 の見方として,たとえば総コレステロールについては,処理群での平均値が 254.1 mg/dL,対照群での平均値が 242.9 mg/dL で,この 2 群の分布が等しいことを帰無仮説に

表 2.2 調整前の背景因子の群間比較

背景因子	処理群平均	対照群平均	p 値
年齢 (歳)	58.0	58.0	0.989
BMI(kg/m^2)	24.1	23.9	0.013*
総コレステロール (mg/dL)	254.1	242.9	<0.001**
LDL コレステロール (mg/dL)	169.1	159.9	<0.001**
HDL コレステロール (mg/dL)	48.9	49.7	0.036*
トリグリセライド (mg/dL)	202.5	180.8	<0.001**
狭心症 (%)	10.7	8.2	0.010**
高血圧 (%)	44.1	42.0	0.200
糖尿病 (%)	21.8	24.3	0.062
脂質低下薬歴 (%)	13.6	7.2	<0.001**
現喫煙者 (%)	37.7	40.8	0.046*
毎日飲酒者 (%)	39.2	42.2	0.062

したウィルコクソン検定を行った結果，正規近似での p 値が 0.001 未満となり高度に有意であったことを示している．表 2.2 より，高度に有意な背景因子が多く観察され，無作為化が完全に行われなかったことが確認される．

このような背景因子のアンバランスを調整する代表的な方法は Cox(1972) の比例ハザードモデルを用いて背景因子を共変量として説明変数に取り入れるものである．実際，佐々木, 古野 (2000) ではそうした解析が行われている．ここでは，このデータに傾向スコアによる層別を適用した結果を示そう．この解析は杉原 (2003) によって行われた．

傾向スコアの推定には，(2.9) 式のロジスティック回帰モデルを用いた．ただし，このモデルでは指数関数の中で線形加法構造を仮定するので，この仮定からのズレに対してロバストになるように，量的変数についてもすべてカテゴリー化し，ダミー変数として入力した．たとえば，年齢では 5 歳ごとに区分してカテゴリー化した．このような細かい処置の有無が解析の成否を分ける．推定された傾向スコアの値に応じて，4 つの層を形成した．各層での処理群と対照群の個体数を表 2.3 に示す．

表 2.3 傾向スコアに基づき形成した層の個体数

層	1	2	3	4
傾向スコア	~ 0.37	$0.37 \sim 0.60$	$0.60 \sim 0.71$	$0.71 \sim$
処理群	158	714	504	841
対照群	432	705	262	232

表 2.4 各層での背景因子の群間比較 (p 値)

背景因子	層 1	層 2	層 3	層 4
年齢 (歳)	0.371	0.617	0.763	0.633
BMI(kg/m²)	0.201	0.832	0.140	0.948
総コレステロール (mg/dL)	0.704	0.504	0.646	0.012*
LDL コレステロール (mg/dL)	0.614	0.662	0.830	0.169
HDL コレステロール (mg/dL)	0.345	0.879	0.432	0.220
トリグリセライド (mg/dL)	0.065	0.983	0.909	0.754
狭心症 (%)	0.524	0.233	0.629	0.379
高血圧 (%)	0.215	0.956	0.410	0.794
糖尿病 (%)	0.884	0.849	0.934	0.847
脂質低下薬歴 (%)	0.545	0.166	0.611	0.653
現喫煙者 (%)	0.730	0.495	0.948	0.377
毎日飲酒者 (%)	0.685	0.991	0.924	0.760

前項に述べたように，傾向スコアの値の大きい層には処理群の個体が多く，逆に傾向スコアの小さい層には対照群の個体が多い．しかし，総個体数が十分大きいので，各層での反応変数の分布特性を推定するのには十分な個体数が各層・各群で得られたものと判断した．

各群での背景因子の有意差検定を行った結果を表 2.4 に示す．表中の数値は検定結果の p 値である．

表 2.4 より，傾向スコアに基づく層別を行うことで，各層での背景因子のバランス性が著しく改善されたことがわかる．ただし，層別したことで各層の標本数が少なくなっているので，p 値の評価ではその点を割り引く必要がある．5％有意となる因子がひとつあるが，検定を 12×4 = 48 回行ったのだから，これも合理的な結果といえる．

3

パ ス 解 析

3.1 構造方程式とパスダイアグラム

3.1.1 構造方程式モデルとは

統計データで観測された相関関係を統計的因果モデルで説明しようという試みは古くからある．1890 年代に Karl Pearson とその弟子 Yule が考案した**偏相関の概念**と**偏相関係数**の算出は，因果モデルを明示していないものの，共通原因による**擬似相関**を検出することを意図したものであったことに間違いない．この共通原因モデルは Spearman(1904) の因子分析モデルへと発展する．このような経緯を経て，1920 年代に**パス係数の方法**が Wright により創始される．これは現在，**パス解析**あるいは**構造方程式モデル**と呼ばれ，その内容は

- パスダイアグラムによる定性的因果仮説の表現
- パス係数による相関係数の分解
- 直接効果，間接効果および総合効果の峻別

からなるといわれる．構造方程式モデルは，データの生成過程を記述した統計的因果モデルであり，<u>パス係数とは，単なる関連の記述的尺度でなく因果的効果を表す母数である</u>．

データ生成過程というものを次のような数値実験の例で考えてみよう．独立に標準正規分布にしたがう 4 つの正規乱数の組 (U_1, U_2, U_3, U_4) からたがいに相関をもつ正規変量の組 (X_1, X_2, X_3, X_4) を次の式で生成することができる．

3.1 構造方程式とパスダイアグラム

$$\begin{aligned}
X_1 &= U_1 \\
X_2 &= \alpha_{21} X_1 + U_2 \\
X_3 &= \alpha_{32} X_2 + U_3 \\
X_4 &= \alpha_{41} X_1 + \alpha_{42} X_2 + \alpha_{43} X_3 + U_4
\end{aligned} \tag{3.1}$$

ここに α_{ij} は非零の定数で**パス係数**と呼ばれる[*]. 右辺にある X_j が左辺の X_i にどのように寄与するかを示す因果パラメータである. (3.1) 式全体で (X_1, X_2, X_3, X_4) が逐次的に定まっていく様子が表現されている. このように構造方程式は, 右辺から左辺が関数的に定まるいわば代入文であり, 右辺が原因で左辺が結果という位置付けにある. よって, 形式的に移項した式は異なる意味をもってしまうことに注意する.

[*] (3.1) 式では X_1, X_2, X_3, X_4 の分散は 1 に基準化されていない. 基準化されているときの係数をパス係数と呼ぶ文献もある. 本書では基準化されていないときにもパス係数という言葉を使うことにする. 以下の議論では, 基準化された状況ではそのことを都度明記する.

3.1.2 外生変数と内生変数

さて, 実際に我々が想定する変数間の因果関係は, 互いに相関をもつ正規変量が独立な正規乱数からの変数変換として生成されるような決定的因果関係ではないだろう. ある変数の変動原因は数多くあるので, その一部を取り上げたモデルでは残りの部分を**誤差変数**として記述するのが現実的である. すなわち, 分析対象の変数間の因果構造に誤差変数を導入した統計的因果モデルを考える. たとえば, たがいに相関をもつ変数の組 (X_1, X_2, X_3, X_4) に対して, その相関を生成するメカニズムとして次のような方程式系を想定する. ただし, 簡単のため, X_1, X_2, X_3, X_4 はいずれも平均が 0 に基準化されているとする.

$$\begin{aligned}
X_2 &= \alpha_{21} X_1 + \varepsilon_2 \\
X_3 &= \alpha_{32} X_2 + \varepsilon_3 \\
X_4 &= \alpha_{41} X_1 + \alpha_{42} X_2 + \alpha_{43} X_3 + \varepsilon_4
\end{aligned} \tag{3.2}$$

ここで, ε が誤差変数, 撹乱変数としてモデルに登場している. ε の平均も 0 と仮定する. また, たとえば, ε_2 は X_1 には依らない X_2 の原因だから, X_1 と

は独立と仮定するのが自然である．一般に，ε はそれが現れる式の右辺にある X とは独立であると仮定する．

左辺には，ある分析対象の変数のひとつである X がくる．以下では，右辺にも誤差変数でない分析対象の変数が少なくともひとつ存在する式のみを記述することにする．すなわち (3.2) 式では，(3.1) 式と比べたとき，U が ε に変わったことに加えて，(3.1) 式の最初の式がなくなっていることに注意しておく．最初の式に対応するのは $X_1 = \varepsilon_1$ であるが，ある分析対象の変数の中身が誤差変数そのものというのは不自然な定式化である．また，分析対象の変数が観測変数の場合，それが本質的に観測されない誤差変数と同一というのには矛盾がある．さらには，この式が特に因果構造について付加的意味をもつわけではない．よって，この式は省略している．

このような表記を約束したとき，左辺に現れる変数を**内生変数**，左辺には現れず右辺にのみ現れる変数を**外生変数**と呼ぶことにする．内生変数はその変動の理由がモデル内で記述されている変数である．これに対して外生変数はその変動理由がモデルで記述されていない，すなわち，その変動理由がモデル作成者の興味の範囲外にある変数である．また，外生変数が複数ある場合には，それらに相関があったとしても，その相関の理由に興味がない．(3.2) 式では X_1 のみが外生変数で，残りの X_2, X_3, X_4 は内生変数である．

この外生変数と内生変数による分類は，2.1 節に述べた変数の分類とは違って，変数の中身に触れることなく，構造方程式の形のみから決まる数学的分類である．しかし，当然関連はもっている．反応変数や中間特性は，研究の目的からして例外なく内生変数としてモデル化される．共変量は通常，外生変数としてモデル化される．一方，処理変数は外生変数のときと内生変数の場合がある．処理の割り付けが無作為化されていれば外生変数としてモデルに現れ，それがある共変量に依存する場合には内生変数として記述される．

3.1.3 パスダイアグラム

構造方程式を図的に表したグラフを**パスダイアグラム**という．これにはいくつかの流儀がある．パス解析と因子分析が結合した形の**共分散構造分析**では，観測されない潜在変数を積極的にモデル化するので，パスダイアグラムにおい

ては観測変数と潜在変数を区別するために，潜在変数を丸あるいは楕円で囲み，観測変数を四角で囲むというルールが標準的である．また，観測変数につく誤差変数も記入する．たとえば図 3.1 に示すようなものになる．

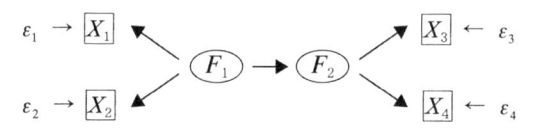

図 3.1 共分散構造分析で用いられるパスダイアグラム

本書では，主に観測変数のみをモデル化するので，特に潜在変数と観測変数を区別する必要のないときには，変数名をそのまま記入し四角などで囲まない．また，統計的因果モデルを考える以上，すべての内生変数には必然的に誤差変数がつくので，誤差変数は原則として省略する．これはパスダイアグラムを因果ダイアグラムとして一般化するための布石であり，Wright がもともと使っていた表記法を踏襲するものでもある．

たとえば，前出の構造方程式 (3.2)

$$X_2 = \alpha_{21}X_1 + \varepsilon_2$$
$$X_3 = \alpha_{32}X_2 + \varepsilon_3$$
$$X_4 = \alpha_{41}X_1 + \alpha_{42}X_2 + \alpha_{43}X_3 + \varepsilon_4$$

に対応するパスダイアグラムは図 3.2 である．

パスダイアグラムの描き方は至って簡単である．構造方程式の左辺にある X_i に対して，その式の右辺にある X_j のパス係数 α_{ij} がゼロでないとき，パスダイアグラムでは X_j から X_i に単方向の矢線がある．すなわち，X_j が X_i の直接的原因であることを示している．

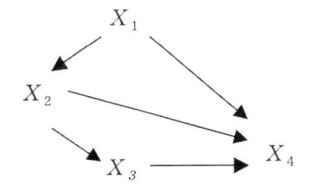

図 3.2 パスダイアグラムの例

パスダイアグラムを作成すると，外生変数と内生変数の区別は明らかである．

すなわち，単方向の矢線を受け取っていない変数が外生変数であり，1本以上の単方向の矢線を受け取っている変数が内生変数である．

次に，外生変数が複数ある構造方程式モデルを考えよう．たとえば

$$X_3 = \alpha_{31}X_1 + \alpha_{32}X_2 + \varepsilon_3 \tag{3.3}$$

である．このとき，X_1 と X_2 が外生変数で，X_3 が内生変数である．分析対象は X_1 と X_2 から X_3 への因果的効果であるが，X_1 と X_2 が相関をもつことが少なくない．しかし，その相関の理由については特に興味がない場合がある．たとえば，塗装工程では室温 (X_1) と湿度 (X_2) が膜厚 (X_3) に影響し，室温と湿度に相関が観測されても，その理由を問うことに技術的意味は乏しい．このような状況をパスダイアグラムで表現するときには，X_1 と X_2 を**双方向の矢線**で結ぶ．すなわち図 3.3 のように表現する．このような双方向の矢線は Wright も用いていた伝統的表記である．双方向の矢線の代わりに無向の線分で結ぶ流儀もある．なお，双方向の矢線というのは，因果関係が双方向にあるというのではなく，次項で述べるように，主に背後に共通な原因があるのにそれが観測されていないという状況を意味している．

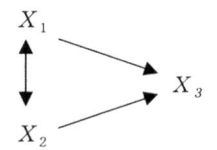

図 3.3 外生変数間の相関を表す双方向の矢線

3.2 相関の生成と分解

3.2.1 構造方程式が与える相関関係

変数間の因果関係を記述した構造方程式は，変数間の相関構造を規定する．これが非常に重要である．図 3.4 に示す簡単な例から見ていこう．簡単のため，各変数は平均が 0 であることに加えて，分散も 1 に基準化されているとする．

まず，図 3.4(a) にある**基本形**から始める．ひとつの矢線で結ばれた変数間にどのような相関関係が規定されるかである．これに対応する構造方程式は

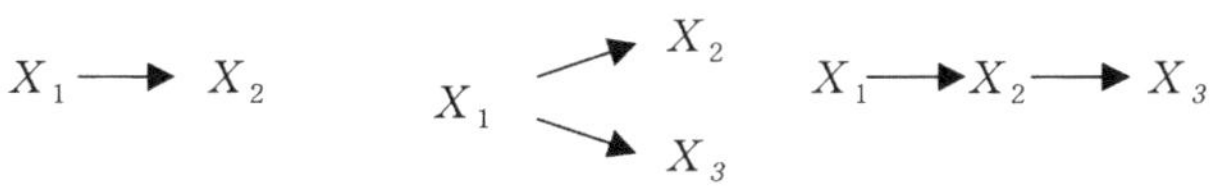

3.2 相関の生成と分解

(a) 基本形　　　(b) 分岐系　　　(c) 連鎖系

図 3.4　相関を与える基本構造

$$X_2 = \alpha_{21} X_1 + \varepsilon_2 \tag{3.4}$$

である．ここで，両辺に X_1 をかけて期待値をとると

$$E[X_1 X_2] = \alpha_{21} E[X_1^2] + E[X_1 \varepsilon_2]$$

となる．ここで，各変数が基準化されていることと，X_1 と ε_2 との無相関性より，X_1 と X_2 との母相関係数を ρ_{12} と記せば

$$\rho_{12} = \alpha_{21} \tag{3.5}$$

を得る．すなわち，平均 0，分散 1 のもとでは，構造方程式 (3.4) でのパス係数の大きさはそのまま相関係数になる．このことは，相関係数が統計データから推定可能な統計的関連の母数であるから，相関の測定によって因果パラメータの推定が可能になることを意味している．

次に図 3.4(b) の**分岐系**を表す構造方程式は

$$\begin{aligned} X_2 &= \alpha_{21} X_1 + \varepsilon_2 \\ X_3 &= \alpha_{31} X_1 + \varepsilon_3 \end{aligned} \tag{3.6}$$

である．X_1 と X_2 との相関関係や，X_1 と X_3 との相関関係は (a) の場合に帰着するので，ここでは 2 つの内生変数 X_2 と X_3 とに生じる相関関係を検討する．そこで 1 行目の式の両辺に X_3 をかけて期待値をとると

$$E[X_2 X_3] = \alpha_{21} E[X_1 X_3] + E[\varepsilon_2 X_3]$$

となる．ここで，$E[X_2 X_3] = \rho_{23}$, $E[X_1 X_3] = \rho_{13} = \alpha_{31}$, $E[\varepsilon_2 X_3] = 0$ より

$$\rho_{23} = \alpha_{21} \alpha_{31} \tag{3.7}$$

を得る．すなわち，X_2 と X_3 の間に因果関係がなくても，両者が共通の原因変数 X_1 をもつことで相関が生じ，その大きさはパス係数の積になる．このようにして生じた相関は**擬似相関**と呼ばれる．図 3.3 での双方向の矢線は，まさに，潜在的共通原因で生じた擬似相関であることが多い．なお，(3.6) 式では

$$\alpha_{21} = \rho_{12}, \quad \alpha_{31} = \rho_{13}$$

であるから，(3.7) 式は

$$\rho_{23} = \rho_{12}\rho_{13} \tag{3.8}$$

と書ける．(3.8) 式は分岐系における**相関の乗法則**と呼ばれる．

一方，図 3.4(c) の**連鎖系**の構造方程式は

$$\begin{aligned} X_2 &= \alpha_{21}X_1 + \varepsilon_2 \\ X_3 &= \alpha_{32}X_2 + \varepsilon_3 \end{aligned} \tag{3.9}$$

である．ここで連鎖の両端にある X_1 と X_3 の相関を考える．2 行目の式の両辺に X_1 をかけて期待値をとれば

$$\rho_{13} = \alpha_{32}\alpha_{21} = \rho_{12}\rho_{23} \tag{3.10}$$

を得る．すなわち，直接の矢線で隣接していないが，複数の同じ向きの矢線で結ばれた変数間にも同じ形の相関の乗法則が成り立つ．

3.2.2 直接効果と間接効果および総合効果

ひとつの矢線で隣接した変数の間には，矢線が出る変数と矢線が入る変数の間に因果関係が想定されている．この矢線による因果的効果を**直接効果**という．パス係数はこの直接効果の大きさを定量化したものといえる．

これに対して，図 3.4(c) に示した連鎖系による効果を**間接効果**という．すなわち，間にいくつかの変数が介在した因果の連鎖による効果である．因果連鎖での効果の大きさは，前項で見たように，連鎖をなす矢線のパス係数の積で表される．一般に 2 つの変数間の因果連鎖は複数ありえるから，間接効果の大きさは，それらの和，すなわちパス係数の積和で表現できる．

さらに直接効果と間接効果の和を**総合効果**という．図 3.2 を例にこれらの関係を確認していこう．図 3.2 の構造方程式は

$$X_2 = \alpha_{21}X_1 + \varepsilon_2$$
$$X_3 = \alpha_{32}X_2 + \varepsilon_3$$
$$X_4 = \alpha_{41}X_1 + \alpha_{42}X_2 + \alpha_{43}X_3 + \varepsilon_4$$

であった．いま，X_1 から X_4 への効果を考える．直接効果は X_1 から X_4 への矢線で表現されており，その大きさはパス係数 α_{41} である．一方，X_1 から X_4 へ因果連鎖は，$X_1 \to X_2 \to X_4$ と $X_1 \to X_2 \to X_3 \to X_4$ の 2 つがある．これらの間接効果の大きさはそれぞれ $\alpha_{42}\alpha_{21}$，$\alpha_{43}\alpha_{32}\alpha_{21}$ である．よって，総合効果の大きさは

$$\alpha_{41} + \alpha_{42}\alpha_{21} + \alpha_{43}\alpha_{32}\alpha_{21}$$

となる．ここで構造方程式の 1 行目と 2 行目を 3 行目に代入すれば

$$\begin{aligned}X_4 &= \alpha_{41}X_1 + \alpha_{42}(\alpha_{21}X_1 + \varepsilon_2) + \alpha_{43}(\alpha_{32}X_2 + \varepsilon_3) + \varepsilon_4 \\ &= \alpha_{41}X_1 + \alpha_{42}\alpha_{21}X_1 + \alpha_{42}\varepsilon_2 + \alpha_{43}\alpha_{32}(\alpha_{21}X_1 + \varepsilon_2) + \alpha_{43}\varepsilon_3 + \varepsilon_4 \\ &= (\alpha_{41} + \alpha_{42}\alpha_{21} + \alpha_{43}\alpha_{32}\alpha_{21})X_1 + (\alpha_{42} + \alpha_{43}\alpha_{32})\varepsilon_2 + \alpha_{43}\varepsilon_3 + \varepsilon_4\end{aligned} \tag{3.11}$$

を得る．たしかに X_1 の係数は総合効果になっている．

次に，X_2 と X_4 の関係を考える．構造方程式の 3 行目の式で，両辺に X_2 をかけて期待値をとれば

$$\rho_{24} = \alpha_{41}\rho_{12} + \alpha_{42} + \alpha_{43}\rho_{23}$$

を得る．ここで構造方程式の 1 行目の式から $\rho_{12} = \alpha_{21}$，2 行目から $\rho_{23} = \alpha_{32}$ の関係が導かれるので，これより

$$\rho_{24} = \alpha_{42} + \alpha_{32}\alpha_{43} + \alpha_{21}\alpha_{41} \tag{3.12}$$

と表現できる．この (3.12) 式右辺において，α_{42} は X_2 から X_4 への直接の矢

線に対応する**直接効果**である．$\alpha_{32}\alpha_{43}$ は $X_2 \to X_3 \to X_4$ という有向道による**間接効果**である．さらに，$\alpha_{21}\alpha_{41}$ は $X_2 \leftarrow X_1 \to X_4$ と分岐道から生じる**擬似相関**である．この例に見るように，一般に，

$$\boxed{単相関＝直接効果＋間接効果＋擬似相関}$$

という分解式が成立する．

ところで，直接効果と間接効果の区別は絶対的なものではない．たとえば，$X_1 \to X_2 \to X_3$ という因果連鎖において，X_2 が認識されない，あるいは観測されなければ，$X_1 \to X_3$ というように直接結ばれたモデルで解析されることになる．逆に，$X_1 \to X_2$ という直接的因果関係を想定したときにも，間に介在する中間変数を認識していないだけなのかもしれない．

間接効果を積極的にモデル化する場面のひとつは，因果メカニズムの解明にある．X_1 から X_3 への因果的効果が観測結果から示唆されたとき，これを説明するために，$X_1 \to X_2 \to X_3$ という因果連鎖を想定する．このとき，$X_1 \to X_2$ と $X_2 \to X_3$ という因果関係がそれぞれ経験的に支持されれば，X_1 から X_3 への因果関係は合理的なものになる．また，X_1 から X_3 への因果的効果が直接的なものでなく，間に X_2 が介在していることを主張するためには，X_2 の値を外部介入によって固定してしまうのが有効である．これによって，X_1 と X_3 との相関関係が消滅すれば，X_2 の介在が強く支持される．

直接効果と総合効果の区別を 2.1 節に述べた変数の分類と関連付けてみよう．図 2.1 の一部として図 3.5 の 2 つのパターンを考える．

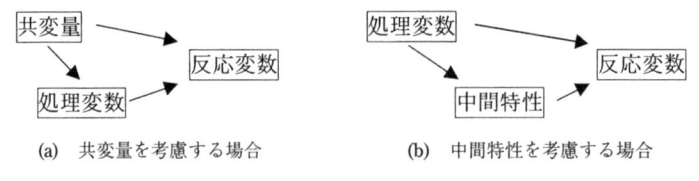

(a) 共変量を考慮する場合　　(b) 中間特性を考慮する場合

図 3.5 変数の分類と因果的効果

図 3.5(a) は，1.3 節に述べた**交絡因子**が存在するパターンである．このとき，処理変数 ← 共変量 → 反応変数という分岐道が処理変数と反応変数の間の擬似相関を生むので，この部分を取り除いた総合効果を識別することが重要である．

共変量の効果は直接操作可能，制御可能なものではないが，その大きさを正しく評価することは多くの場面で有用である．共変量にとって意味のある効果は直接効果である．共変量 → 処理変数 → 反応変数という有向道によって生じる間接効果は，間に介在する処理変数の効果に依存し，共変量固有のものではない．その意味において再現性に乏しい．

一方，処理変数は総合効果が主たる関心事といえる．図 3.5(b) に示すパターンでは，直接効果に加えて，中間特性を介した間接効果にも利用価値がある．この間接効果にも，処理変数に人為的に介入したときの因果的効果として利用価値があるからである．このとき，中間特性で層別してしまうと，この間接効果が消えてしまう．1.3 節に述べた交絡因子の 3 番目の要件はこの点を指摘したものであった．

3.2.3 選択による偏り

2 つの変数の間に相関を与える構造として，図 3.4 に示した基本的 3 パターンに加えて，もうひとつのケースがある．図 3.6 にそれを示す．

図 3.6 において X_3 に網掛けしているのは，X_3 の値をある値に固定していることを意味する．すなわち X_3 の値で層別している．これは，X_3 がある特定の値をとる個体のみを選択して抽出していることに相当する．すると，もともとの母集団では相関のなかった X_1 と X_2 の間に相関が生じる．これを**選択による偏り** (selection bias) と呼んでいる．1.2 節で示したトランプの柄，色，外観の例はまさにこれに相当するものである．結果系である外観で層別することで，本来は相関のない柄と色に相関が生じるという例であった．

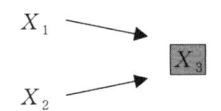

図 3.6 相関を与える構造（選択による偏り）

選択による偏りによって相関が生じるしくみを数式で確かめよう．X_3 の値をある値に固定したときの X_1 と X_2 との相関は**偏相関**と呼ばれる．その大きさを表す**偏相関係数**は，単相関係数によって

$$\rho_{12\cdot 3} = \frac{\rho_{12} - \rho_{13}\rho_{23}}{\sqrt{(1-\rho_{13}^2)}\sqrt{(1-\rho_{23}^2)}} \tag{3.13}$$

と表現できる．図 3.6 の状況では $\rho_{12} = 0$ であるものの，$\rho_{13} \neq 0$, $\rho_{23} \neq 0$ であるため，(3.13) 式の分子は明らかに非零である．よって，$\rho_{12\cdot 3} \neq 0$ となる．

なお，一般に選択による偏りという概念は，「ランダムサンプリングされていない標本による推測の偏り」を意味し，切れた分布やサイズバイアス分布あるいは欠測値データの問題なども含まれる．一方，グラフィカルモデルで取り上げる選択による偏りとは，本項での問題を意味することが多い．

3.2.4　構造方程式の誘導形

ここで (3.1) 式を行列表現してみよう．それは

$$\begin{pmatrix} X_1 \\ X_2 \\ X_3 \\ X_4 \end{pmatrix} = \begin{pmatrix} 0 & 0 & 0 & 0 \\ \alpha_{21} & 0 & 0 & 0 \\ 0 & \alpha_{32} & 0 & 0 \\ \alpha_{41} & \alpha_{42} & \alpha_{43} & 0 \end{pmatrix} \begin{pmatrix} X_1 \\ X_2 \\ X_3 \\ X_4 \end{pmatrix} + \begin{pmatrix} U_1 \\ U_2 \\ U_3 \\ U_4 \end{pmatrix} \tag{3.14}$$

である．これを

$$\boldsymbol{X} = A\boldsymbol{X} + \boldsymbol{U} \tag{3.15}$$

と表記する．すると I を単位行列とすれば，(3.15) 式は

$$(I - A)\boldsymbol{X} = \boldsymbol{U}$$

と変形でき，$(I - A)$ が正則行列であるから

$$\boldsymbol{X} = (I - A)^{-1}\boldsymbol{U} \tag{3.16}$$

と表現できる．このような $\boldsymbol{X}$ について解いた形を**構造方程式の誘導形**という．この誘導形を求めておけば，(X_1, X_2, X_3, X_4) の分散共分散構造を容易に求めることができる．(3.1) 式では (U_1, U_2, U_3, U_4) が独立に標準正規分布にしたがうと仮定したから，(X_1, X_2, X_3, X_4) の分散共分散行列は

$$B = (I - A)^{-1}$$

とおけば

$$Var(\boldsymbol{X}) = BB^T$$

と直ちに求められる．

一方，(3.2) 式では一般的な誤差を導入した上で，X_1 が直接観測されない外生変数であることから，(3.1) 式の最初の式 $X_1 = \varepsilon_1$ を省略した．今度は (3.2) 式を行列表現すると

$$\begin{pmatrix} X_2 \\ X_3 \\ X_4 \end{pmatrix} = \begin{pmatrix} 0 & 0 & 0 \\ \alpha_{32} & 0 & 0 \\ \alpha_{42} & \alpha_{43} & 0 \end{pmatrix} \begin{pmatrix} X_2 \\ X_3 \\ X_4 \end{pmatrix} + \begin{pmatrix} \alpha_{21} \\ 0 \\ \alpha_{41} \end{pmatrix} X_1 + \begin{pmatrix} \varepsilon_2 \\ \varepsilon_3 \\ \varepsilon_4 \end{pmatrix} \tag{3.17}$$

となる．実は，これは誘導形を導くには便利な式でなく，先の (3.14) 式のほうが都合がよい．

一般には，内生変数ベクトルを $\boldsymbol{X}$，誤差変数でない外生変数ベクトルを $\boldsymbol{Z}$，誤差変数ベクトルを $\boldsymbol{\varepsilon}$ としたとき，構造方程式は適当な係数行列 A と $\varGamma$ によって

$$\boldsymbol{X} = A\boldsymbol{X} + \varGamma\boldsymbol{Z} + \boldsymbol{\varepsilon} \tag{3.18}$$

と行列ベクトル表現できる．これを

$$\begin{pmatrix} \boldsymbol{Z} \\ \boldsymbol{X} \end{pmatrix} = \begin{pmatrix} 0 & 0 \\ \varGamma & A \end{pmatrix} \begin{pmatrix} \boldsymbol{Z} \\ \boldsymbol{X} \end{pmatrix} + \begin{pmatrix} \boldsymbol{Z} \\ \boldsymbol{\varepsilon} \end{pmatrix} \tag{3.19}$$

と表現し直しておくと，$\boldsymbol{Z}$ と $\boldsymbol{X}$ についての誘導形を導ける．(3.14) 式はまさにこの形である．

ところで，3.2.2 項で総合効果を求めるために導いた (3.11) 式は

$$X_4 = (\alpha_{41} + \alpha_{42}\alpha_{21} + \alpha_{43}\alpha_{32}\alpha_{21})\varepsilon_1 + (\alpha_{42} + \alpha_{43}\alpha_{32})\varepsilon_2 + \alpha_{43}\varepsilon_3 + \varepsilon_4$$

と表現できる.このように X_1, X_2, X_3, X_4 はいずれも誤差変数の線形結合で表現できた.これを行列表現した式を

$$X = B\varepsilon$$

とすれば,(3.1),(3.2) 式での係数行列 $B = (b_{ij})$ は

$b_{ii} = 1 \quad (i = 1, 2, 3, 4)$

$b_{ij} = 0 \quad (i < j)$

$b_{21} = \alpha_{21}, \quad b_{31} = \alpha_{32}\alpha_{21}, \quad b_{32} = \alpha_{32}$

$b_{41} = \alpha_{41} + \alpha_{42}\alpha_{21} + \alpha_{43}\alpha_{32}\alpha_{21}, \quad b_{42} = \alpha_{42} + \alpha_{43}\alpha_{32}, \quad b_{43} = \alpha_{43}$

となる.この B がまさに (3.14) 式に対する $(I - A)^{-1}$ になっている.

3.3 回帰モデルとの違い

3.3.1 実験研究での回帰モデル

回帰モデルは実験データと観察データのいずれにも用いられる広範な統計モデルである.実験データとして最も単純な**秤量問題**での回帰モデルを考えてみよう.

いま,3つの品物があり,これらの重さの真値をそれぞれ $\theta_1, \theta_2, \theta_3$ とする.これらに対して次の4通りの計測を行う.

① 品物1と品物2の重さの合計を測る
② 品物2と品物3の重さの合計を測る
③ 品物1と品物3の重さの合計を測る
④ 品物1,品物2,および品物3の重さの合計を測る

第 i 回目の測定値を y_i とすれば $(i = 1, 2, 3, 4)$,これらと $\theta_1, \theta_2, \theta_3$ の関係は

$$\begin{pmatrix} y_1 \\ y_2 \\ y_3 \\ y_4 \end{pmatrix} = \begin{pmatrix} 1 & 1 & 0 \\ 0 & 1 & 1 \\ 1 & 0 & 1 \\ 1 & 1 & 1 \end{pmatrix} \begin{pmatrix} \theta_1 \\ \theta_2 \\ \theta_3 \end{pmatrix} + \begin{pmatrix} \varepsilon_1 \\ \varepsilon_2 \\ \varepsilon_3 \\ \varepsilon_4 \end{pmatrix} \quad (3.20)$$

という回帰モデルで記述できる．ここに $\varepsilon_i (i=1,2,3,4)$ は計測誤差で，たがいに独立で平均が 0, 分散はいずれも σ^2 とする．もちろん，このモデルにはいくつかの仮定が組み込まれているが，普通の感覚でこれを**真のモデル**と呼んでも違和感がないだろう．実際，この回帰モデルのパラメータ $\theta_1, \theta_2, \theta_3$ には明確な物理的意味があり，いずれもその品物を加えることによる重さの増加を意味するという点で因果的効果とみなせる．このように，実験データに対する回帰モデルというのは実質的に統計的因果モデルになっており，真のモデルというものを考えることに意味がある．

一方，このとき，上述の 4 回の測定データに対して

$$\begin{pmatrix} y_1 \\ y_2 \\ y_3 \\ y_4 \end{pmatrix} = \begin{pmatrix} 1 & 1 \\ 0 & 1 \\ 1 & 0 \\ 1 & 1 \end{pmatrix} \begin{pmatrix} \theta_1 \\ \theta_2 \end{pmatrix} + \begin{pmatrix} \varepsilon'_1 \\ \varepsilon'_2 \\ \varepsilon'_3 \\ \varepsilon'_4 \end{pmatrix} \tag{3.21}$$

というモデルを設定したら，それは**誤ったモデル**といえる．このときの誤差 ε'_i の平均は 0 ではないので，回帰モデルの基本的要件を満たさない．

(3.20) 式を $\boldsymbol{y} = X\boldsymbol{\theta} + \boldsymbol{\varepsilon}$ と略記すれば，$\boldsymbol{\theta}$ の最小 2 乗推定量

$$\hat{\boldsymbol{\theta}} = (X^T X)^{-1} X^T \boldsymbol{y} \tag{3.22}$$

は $\boldsymbol{\theta}$ の不偏推定量である．これに対して (3.21) 式での 4 行 2 列の計画行列を X_1 と記せば，このモデルでのパラメータの最小 2 乗推定量の期待値は

$$E\begin{bmatrix} \hat{\theta}_1 \\ \hat{\theta}_2 \end{bmatrix} = \begin{pmatrix} \theta_1 \\ \theta_2 \end{pmatrix} + (X_1^T X_1)^{-1} X_1^T \begin{pmatrix} 0 \\ 1 \\ 1 \\ 1 \end{pmatrix} \theta_3 \tag{3.23}$$

と書けるので，(3.23) 式右辺第 2 項が**偏り**となる．このように真のモデルに含まれているパラメータを落としたモデルを想定すると，残したパラメータの推定にも支障をきたす．

逆に，不要なパラメータをもった場合はどうであろうか．上述の 4 回の測定

データに対して

$$\begin{pmatrix} y_1 \\ y_2 \\ y_3 \\ y_4 \end{pmatrix} = \begin{pmatrix} 1 & 1 & 0 & 0 \\ 0 & 1 & 1 & 0 \\ 1 & 0 & 1 & 0 \\ 1 & 1 & 1 & 1 \end{pmatrix} \begin{pmatrix} \theta_1 \\ \theta_2 \\ \theta_3 \\ \theta_4 \end{pmatrix} + \begin{pmatrix} \varepsilon'_1 \\ \varepsilon'_2 \\ \varepsilon'_3 \\ \varepsilon'_4 \end{pmatrix} \qquad (3.24)$$

というモデルを想定した場合を考えよう．このとき，$\theta_4 = 0$ であるから，(3.24) 式に基づく $\theta_1, \theta_2, \theta_3$ の最小2乗推定量は不偏推定量になる．しかし，余分なパラメータを含めたために，推定量の分散は真のモデルに基づく場合よりも大きくなってしまうことが知られている．その意味で，(3.24) 式もやはり誤ったモデルといえる．

以上に述べたことが，回帰モデルの誤想定の影響として，多くの回帰分析のテキストに記述されている．しかし，これらの議論が成り立つのは，真の回帰モデルを想定できる場合であり，それは基本的に実験データに限られる．

3.3.2 観察研究での回帰モデル

ところが，1.1 節に紹介した Box の警告にもあるように，回帰分析は実験データより観察データに使われることが多い．観察研究における回帰モデルにおいては，説明変数も受動的に観察される変量であって，確率変数の実現値と定式化できる．よって，この回帰モデルは，目的変数と説明変数の同時分布からの標本が得られたときに，説明変数を与えたもとでの目的変数の**条件付き分布**について規定した統計モデルである．この点において，観察データに対する回帰モデルと実験データに対する回帰モデルは，数理統計的見地からは同等であっても，応用統計的見地からは全く異なるのである．

たとえば成人男性において，X が胸囲を表し，Y が胴囲を表す変量とすれば，X と Y の間に相関関係が観察されても，両者の間に一方向的因果関係を想定するのは自然でない．しかし，両者の同時分布が2変量正規分布にしたがえば，$X = x$ を与えたときの Y の条件付き期待値は

$$E[Y|x] = E[Y] + \frac{Cov(X,Y)}{Var(X)}(x - E[X]) = \beta_{y0 \cdot x} + \beta_{yx} x$$

と x の 1 次関数になるので，$X = x$ のときの Y の条件付き分布を

$$Y = \beta_{y0\cdot x} + \beta_{yx}x + \varepsilon_{y\cdot x} \tag{3.25}$$

という回帰方程式で表現できる．ここに $\varepsilon_{y\cdot x}$ は，平均が 0 で，分散が

$$Var(Y|x) = Var(Y)\left(1 - \frac{Cov(X,Y)^2}{Var(X)Var(Y)}\right)$$

の正規分布にしたがう確率変数である．

一方，$Y = y$ を与えたときの X の条件付き期待値は

$$E[X|y] = E[X] + \frac{Cov(X,Y)}{Var(Y)}(y - E[Y])$$

であるから

$$X = \beta_{x0\cdot y} + \beta_{xy}y + \varepsilon_{x\cdot y} \tag{3.26}$$

という回帰方程式を同時に考えることもできる．

また，Z を腰囲とすると，X と Z を与えたときの Y の条件付き分布を

$$Y = \beta_{y0\cdot xz} + \beta_{yx\cdot z}x + \beta_{yz\cdot x}z + \varepsilon_{y\cdot xz} \tag{3.27}$$

という回帰方程式で記述することもできる．ただし，(X,Y,Z) の同時分布は 3 次元正規分布にしたがうとする．

このとき，(3.25) 式，(3.26) 式および (3.27) 式は，いずれも身体部位の条件付き分布を記述した**正しい回帰方程式**である．条件付き分布を表す回帰方程式の妥当性は，説明変数に何が用いられているかとは無関係な性質である．この点は特に注意を要する．つまり，観察研究で用いられる回帰モデルには，真のモデルとか誤ったモデルという概念が存在しないのである．

本書では，これを明確にするため，**偏回帰係数の添字**をやや複雑にしている．最初の添字が目的変数を，次が当該の説明変数 (定数項のときは 0) を，中黒記号「・」の右には他に含まれている説明変数を示している．条件付き分布を表す回帰モデルにおける偏回帰係数は，必然的に他に含まれている説明変数に依存する量であって，説明変数に固有な量でないからである．このような添字記

号は，誤差項 ε にも採用されていることに注意する．観察研究における回帰モデルの誤差変数の中身は取り入れられている説明変数に依存するからである．

これに対し構造方程式では，右辺の変数に過不足があれば，それは真のデータ生成過程を記述してない誤った方程式ということになる．パス係数は構造方程式に固有であり，添字は原因 j と結果 i の2つでよい．つまり，中黒記号とその右の添字は不要なのである．同様なことは誤差変数についてもいえる．真のモデルのもとで，誤差変数の添字は対応する左辺の観測変数の添字としてユニークに定まるものである．

この点からすれば，構造方程式モデルには実験データに対する回帰モデルと同様に真のモデルや誤ったモデルという概念が存在する．しかし，構造方程式モデルは観察研究を対象に用いられているモデルであるので，何が真のモデルかの識別は実験研究よりも格段に難しい．

回帰方程式が因果関係を記述していることもあるが，そのことは回帰モデルの要件として必ずしも求められてはいない．そのため，回帰方程式の記述している関係が因果関係なのか単なる相関関係なのか，が逆に曖昧になっていることが多い．これを峻別するためにも，観察研究における因果推論では構造方程式の概念を陽に示すことが重要なのである．

4

非巡回的有向独立グラフ

4.1 条件付き独立性の基礎数理

4.1.1 定義と表記法

3つの確率変数 X, Y, Z を考え，これらの同時確率密度関数を $f_{XYZ}(x, y, z)$ と記す．離散変数のときは同時確率関数と読み換える．この同時密度関数から導かれる周辺密度関数を $f_X(x), f_{XY}(x, y)$ などと表記する．また，これらから導かれる条件付き密度関数を $f_{Y \cdot X}(y|x), f_{XY \cdot Z}(x, y|z)$ などと記す．

いま，x, y, z のとりうる任意の値に対して

$$f_{XYZ}(x, y, z) = f_X(x) f_{YZ}(y, z) \tag{4.1}$$

が成り立つとき，X と (Y, Z) は**独立**であるといい，この関係を $X \perp\!\!\!\perp (Y, Z)$ と表記する．$X \perp\!\!\!\perp (Y, Z)$ ならば，$X \perp\!\!\!\perp Y$ かつ $X \perp\!\!\!\perp Z$ である．しかし，この逆は一般に成り立たない[*)].

次に，x, y, z のとりうる任意の値に対して

$$f_{XY \cdot Z}(x, y|z) = f_{X \cdot Z}(x|z) f_{Y \cdot Z}(y|z) \tag{4.2}$$

が成り立つとき，X と Y は Z を与えたときに**条件付き独立**であるといい，この関係を $X \perp\!\!\!\perp Y \mid Z$ と表記する．このような表記法は Dawid(1979) の記号と呼ばれる．

簡単な計算により，(4.2) 式は

$$f_{XYZ}(x, y, z) = \frac{f_{XZ}(x, z) f_{YZ}(y, z)}{f_Z(z)} \tag{4.3}$$

と書き改めることができる．同様に

$$f_{Y \cdot XZ}(y|x,z) = f_{Y \cdot Z}(y|z) \tag{4.4}$$

という関係式も (4.2) 式と等価である．この (4.4) 式はいわゆる**マルコフ性**を意味するもので，たいへん使用頻度が高い．実際，第 2 章の定理 2.1 の証明においても，最後の帰結にこの関係式を用いている．

　＊) $X \perp\!\!\!\perp Y$ かつ $X \perp\!\!\!\perp Z$ であっても $X \perp\!\!\!\perp (Y,Z)$ でない例：X, Y, Z はそれぞれ 1 または -1 をとる確率変数で，その同時確率関数が下表のように与えられる場合を考えよう．

X	Y	Z	確率
1	1	1	1/4
1	-1	-1	1/4
-1	1	-1	1/4
-1	-1	1	1/4

このとき，$X \perp\!\!\!\perp Y$ かつ $X \perp\!\!\!\perp Z$ であるが，$X = YZ$ の関係にあるから，$X \perp\!\!\!\perp (Y,Z)$ でない．実は筆者は前著『グラフィカルモデリング』の初版 p.29 にて，「$X \perp\!\!\!\perp (Y,Z)$ とは，$X \perp\!\!\!\perp Y$ かつ $X \perp\!\!\!\perp Z$ を意味する」という同値関係と解釈できる表現をしてしまった．出版直後に竹村彰通教授 (東京大学) よりこの点を指摘され，第 2 刷では「$X \perp\!\!\!\perp (Y,Z)$ ならば，$X \perp\!\!\!\perp Y$ かつ $X \perp\!\!\!\perp Z$ である」と改めた経緯がある．本書とともに前著初版をお持ちの奇特な方は，この点を赤字修正いただければ幸いである．

4.1.2　基 本 定 理
【定理 4.1】因数分解基準
1) $X \perp\!\!\!\perp (Y,Z)$ の必要十分条件は，同時確率密度関数 $f_{XYZ}(x,y,z)$ に対して

$$f_{XYZ}(x,y,z) = g(x)\,h(y,z) \tag{4.5}$$

を満たす関数 g と h が存在することである．

2) $X \perp\!\!\!\perp Y \mid Z$ の必要十分条件は，同時確率密度関数 $f_{XYZ}(x,y,z)$ に対して

$$f_{XYZ}(x,y,z) = g(x,z)\,h(y,z) \tag{4.6}$$

を満たす関数 g と h が存在することである． □

(4.5) 式は定義式 (4.1) を確率密度関数よりも少し広げたものであり，(4.6) 式は (4.3) 式の分子を確率密度関数から拡張して分母を分子のどちらかに含めたものと理解できる．

次に，x, y, z のとりうる任意の値に対して $f_{XYZ}(x, y, z) > 0$ を仮定する．

【定理 4.2】 次の 4 つの内容は同値である．
1) $X \perp\!\!\!\perp Y \mid Z$ かつ $X \perp\!\!\!\perp Z \mid Y$
2) $X \perp\!\!\!\perp Y \mid Z$ かつ $X \perp\!\!\!\perp Z$
3) $X \perp\!\!\!\perp Y$ かつ $X \perp\!\!\!\perp Z \mid Y$
4) $X \perp\!\!\!\perp (Y, Z)$ □

（定理 4.2 の証明）

4) から 1)，2)，3) が導けることは，**因数分解基準**よりほぼ自明である．すなわち，(4.5) 式を満たす関数が存在していれば，必然的に (4.6) 式を満たす関数が成立し，Y と Z の立場を置き換えてもそのことは成り立つ．

それでは，1) から 4) を示そう．$X \perp\!\!\!\perp Y \mid Z$ であるから，因数分解基準より

$$f_{XYZ}(x, y, z) = g(x, z) h(y, z)$$

を満たす関数 g と h が存在する．このとき，x に関する部分は y を含まない因数に分解されている．さらに $X \perp\!\!\!\perp Z \mid Y$ であるから，同様に

$$f_{XYZ}(x, y, z) = \phi(x, y) \varphi(z, y)$$

を満たす関数 ϕ と φ が存在する．ここでは，x に関する部分は z を含まない因数に分解されている．この 2 つを合わせると，x に関する部分は y にも z にもよらない適当な関数により

$$f_{XYZ}(x, y, z) = k(x) m(y, z)$$

と因数分解されうることになる．よって題意を得る．

2) から 4)，および 3) から 4) を導く過程も，これと同様である． □

2.3.2 項において，処理条件への個体の割り付けを無作為化することで，割り

付けを示す確率変数 W と，潜在反応である (Y_1, Y_2)，および共変量 Z において，$W \perp\!\!\!\perp ((Y_1, Y_2), Z)$ となるので，その結果として $W \perp\!\!\!\perp (Y_1, Y_2) \mid Z$ が成り立つことを述べた．これは定理 4.2 の応用である．

また，3.2.3 項の**選択による偏り**において，一般には $X \perp\!\!\!\perp Y$ が $X \perp\!\!\!\perp Y \mid Z$ を意味しないことを述べた．一方，X, Y, Z がたがいに**独立**のとき，$X \perp\!\!\!\perp Y \mid Z$，$Y \perp\!\!\!\perp Z \mid X$，および $X \perp\!\!\!\perp Z \mid Y$ がいずれも成り立つ．それは，たがいに独立の定義より，$X \perp\!\!\!\perp (Y, Z)$，$Y \perp\!\!\!\perp (X, Z)$，$Z \perp\!\!\!\perp (X, Y)$ がそれぞれ成り立つからである．この点からすれば「確率変数 $X_1, X_2, \cdots, X_n$ がたがいに独立に同一の分布にしたがう」という数理統計学では定番の設定では，独立性と条件付き独立性に関して非常に強い仮定がなされていることがわかる．

定理 4.2 の設定に，確率変数 W を追加すると次の系が導かれる．ここでは 4 変数の同時密度において $f_{XYZW}(x, y, z, w) > 0$ を仮定する．

【系 4.1】 次の 4 つの内容は同値である．
1) $X \perp\!\!\!\perp Y \mid (Z, W)$ かつ $X \perp\!\!\!\perp Z \mid (Y, W)$
2) $X \perp\!\!\!\perp Y \mid (Z, W)$ かつ $X \perp\!\!\!\perp Z \mid W$
3) $X \perp\!\!\!\perp Y \mid W$ かつ $X \perp\!\!\!\perp Z \mid (Y, W)$
4) $X \perp\!\!\!\perp (Y, Z) \mid W$ □

この内容は，定理 4.2 において，すべての条件に W を加えたものと理解できる．定理 4.2 と系 4.1 の内容は，確率変数を確率変数ベクトルに拡張したときにも成り立つ．

4.1.3 多変量正規分布における共分散選択モデル

多変量正規分布は平均ベクトル $\boldsymbol{\mu}$ と分散共分散行列 Σ によって完全に記述される分布である．いま，確率変数ベクトル $(X_1, X_2, \cdots, X_p)$ が p 次元の多変量正規分布にしたがっているとする．分散共分散行列を $\Sigma = (\sigma_{ij})$ とし，その逆行列を $\Sigma^{-1} = (\sigma^{ij})$ と表記する．このとき，「$\sigma^{ij} = 0$」と「X_i と X_j は，X_i と X_j 以外の残り $(p-2)$ 個の変数を与えたときに条件付き独立である」は同値になる．このことは次のように確かめることができる．p 次元多変量正規分布の確率密度関数は

$$f_{\boldsymbol{X}}(\boldsymbol{x}) = \frac{1}{\sqrt{(2\pi)^p |\Sigma|}} \exp\left[-\frac{1}{2}(\boldsymbol{x}-\boldsymbol{\mu})^T \Sigma^{-1}(\boldsymbol{x}-\boldsymbol{\mu})\right] \quad (4.7)$$

である．この指数部にある 2 次形式の行列ベクトル表現を要素で書き下せば

$$-\frac{1}{2}\sum_{i=1}^{p}\sum_{j=1}^{p}(x_i - \mu_i)(x_j - \mu_j)\sigma^{ij}$$

となる．ここで，ある i と j において $\sigma^{ij} = 0$ ならば，x_i と x_j の積項がないので，この式は「x_i, x_j 以外の変数と x_i との関数」と「x_i, x_j 以外の変数と x_j との関数」の和に分解できる．よってこれを指数関数に代入した (4.7) 式では，因数分解基準により，題意の条件付き独立性が成立している．

多変量正規分布において，いくつかの σ^{ij} を 0 においたモデルは**共分散選択モデル**と呼ばれ，Dempster(1972) によって定式化された．すなわち，共分散選択モデルはいくつかの条件付き独立性を有する確率モデルである．

たとえば，4 次元多変量正規分布で，$\sigma^{12} = 0$ ならば $X_1 \perp\!\!\!\perp X_2 \mid (X_3, X_4)$ であり，$\sigma^{13} = 0$ ならば $X_1 \perp\!\!\!\perp X_3 \mid (X_2, X_4)$ である．$\sigma^{12} = \sigma^{13} = 0$ ならば，これら 2 つの条件付き独立性がいずれも成り立ち，系 4.1 より $X_1 \perp\!\!\!\perp (X_2, X_3) \mid X_4$ が導かれる．

4.1.4 多元分割表における対数線形モデル

1.2 節において，層別された 2 元分割表，すなわち 3 元分割表について議論した．ここでは対象とする母集団から無作為に抽出したいくつかの個体のそれぞれについて，3 つの離散確率変数 X, Y, Z の実現値を観測する状況を考える．各変数の水準数をそれぞれ I, J, K とし，個体がセル $x_i y_j z_k$ に属する確率を

$$p_{ijk} = P\{X = x_i, Y = y_j, Z = z_k\}$$

と表記する．このセル確率の対数について

$$\log p_{ijk} = \mu + \alpha_i + \beta_j + \gamma_k + (\alpha\beta)_{ij} + (\alpha\gamma)_{ik} + (\beta\gamma)_{jk} + (\alpha\beta\gamma)_{ijk} \tag{4.8}$$

という線形加法構造を想定するモデルを**対数線形モデル**という．ここで，母数の無駄を省くために，右辺のすべての母数は，それがもつ任意の添字について和をとったときに 0 という制約 (これを Birch(1963) の制約という) をおく．さらに，たとえば $(\alpha\beta)_{ij} = 0$ ならば $(\alpha\beta\gamma)_{ijk} = 0$ というように低次の項が 0 ならば，その項を含むすべての高次の項は 0 になるという制約を満たすモデルを**階層的対数線形モデル**という．

さて，(4.8) 式において，すべての i, j, k で

$$(\alpha\beta\gamma)_{ijk} = 0 \quad \text{かつ} \quad (\alpha\beta)_{ij} = 0$$

ならば，定理 4.1 の因数分解基準により $X \perp\!\!\!\perp Y \mid Z$ である．同様にして，4 元以上の高次分割表に対する階層的対数線形モデルにおいても，ある変数対に対応する 2 因子交互作用項を 0 とおいたモデルでは，その変数対が残りの変数を与えたときに条件付き独立になる．このように，階層的対数線形モデルは離散変数の条件付き独立関係を与える確率モデルである．

ところで，1.2 節や 2.1 節では，分割表での行と列の関連性の測度として**オッズ比**を用いた．ここで対数線形モデルの母数と (母) オッズ比との関係を確認しておこう．1.2 節と同じく，X の水準数は $I = 2$，Y の水準数も $J = 2$ とする．$Z = z_k$ での X と Y のオッズ比の対数をとったものに対して，各セル確率に (4.8) 式を代入し，Birch の制約を考慮して整理すれば

$$\log \frac{p_{11k}p_{22k}}{p_{12k}p_{21k}} = 4(\alpha\beta)_{11} + 4(\alpha\beta\gamma)_{11k} \tag{4.9}$$

を得る．これより，$Z = z_k$ での X と Y のオッズ比がすべての z_k で等しい必要十分条件は 3 因子交互作用項 $(\alpha\beta\gamma)_{ijk} = 0$ であること，その共通のオッズ比が 1 であることは 2 因子交互作用 $(\alpha\beta)_{ij} = 0$ と等価なことがわかる．すなわち，Z で層別したときの X と Y の共通のオッズ比が 1 とは，$X \perp\!\!\!\perp Y \mid Z$ と等価である．

4.2 非巡回的有向グラフで規定される確率モデル

4.2.1 グラフ用語

グラフは頂点の集合 V とその直積 $V \times V$ の部分集合である矢線の集合 E によって, $G = (V, E)$ と表現される. 2つの頂点 $\alpha, \beta \in V$ において, $(\alpha, \beta) \in E$ かつ $(\beta, \alpha) \notin E$ のとき, α から β へ向きのある辺(矢線)を引く. 一方, $(\alpha, \beta) \in E$ かつ $(\beta, \alpha) \in E$ のときには, 両者の間に向きのない辺(あるいは両側矢印の辺)を引く. すべての辺が片側矢印をもつ矢線であるグラフを**有向グラフ**(directed graph)という. 以下, 有向グラフでの基本的用語を確認する.

①親と子：頂点 α から β へ矢線があるとき, α を β の**親**(parent)といい, β を α の**子**(child)という. β の親の頂点集合を $pa(\beta)$ と表記する.

②道と有向道：頂点の系列 $\alpha_1, \alpha_2, \cdots, \alpha_{n+1}$ は, すべての $i = 1, 2, \cdots, n$ で, α_i から α_{i+1} へ, あるいは α_{i+1} から α_i へ矢線があるとき, 長さ n の**道**(path)という. 特に, すべての $i = 1, 2, \cdots, n$ で, α_i から α_{i+1} へ矢線があるとき, 長さ n の**有向道**(directed path)という.

③巡回閉路と非巡回的：長さ n の有向道 $\alpha_1, \alpha_2, \cdots, \alpha_{n+1}$ で, $\alpha_1 = \alpha_{n+1}$ となるものを**巡回閉路**(cycle)という. 巡回閉路のない有向グラフは**非巡回的**(acyclic)であるという. 非巡回的有向グラフは DAG(directed acyclic graph) と略記されることが多い.

④先祖と子孫：頂点 α から β へ有向道があるとき, α を β の**先祖**(ancestor)といい, β を α の**子孫**(descendant)という.

⑤非子孫：すべての頂点から α と α の子孫を除いたものを, α の**非子孫**(nondescendant)といい, その集合を $nd(\alpha)$ と表記する. 先祖と非子孫が異なることに注意する.

⑥合流点と非合流点：長さ n の道 $\alpha_1, \alpha_2, \cdots, \alpha_{n+1}$ で, α_{i-1} から α_i へ矢線があり, かつ, α_{i+1} から α_i へ矢線があるとき, α_i は**合流点**(collider)であるという. そうでないとき, α_i は**非合流点**であるという.

⑦V字合流点：頂点 α_i が合流点であり, α_{i-1} と α_{i+1} の間でいずれの向きにも矢線がないとき, α_i は**V字合流点**(V-configuration collider)であるという.

⑧先祖集合と最小先祖集合：ある頂点集合 $A \subset V$ において，任意の $\alpha \in A$ の先祖がすべて A に含まれるとき，A は**先祖集合**(ancestral set) であるという．任意の頂点集合 A に対して，A を含む最小 (要素数が最小という意味で) の先祖集合が一意に存在する．これを A の**最小先祖集合**(smallest ancestral set) という．

⑨部分グラフ：ある頂点集合 $A \subset V$ に対して，A に属する頂点と，辺の両端がいずれも A に属する辺からなるグラフを**部分グラフ**(subgraph) といい，$G(A)$ と記す．

【参考】無向グラフでの用語

4.3 節で行うマルコフ性の議論で用いられる無向グラフ用語を補足しておく．すべての辺が無向のグラフを**無向グラフ**という．辺で結ばれた頂点は**隣接**しているという．辺のつながりを**道**という．道で結ばれた頂点は**連結**しているという．すべての頂点が連結しているグラフを**連結グラフ**という．非連結グラフの中で，連結グラフをなす極大な部分グラフの頂点集合を**連結成分**という．2 つの頂点 α と β を結ぶ任意の道が頂点集合 S のある要素を通るとき，S は α と β を**分離**しているという．2 つの頂点集合 A と B において，任意の $\alpha \in A$ と $\beta \in B$ を S が分離しているとき，S は A と B を分離しているという．

4.2.2 非巡回的有向独立グラフ

p 個の確率変数の集合を頂点集合 $V = \{X_1, X_2, \cdots, X_p\}$ とした非巡回的有向グラフを考える．このとき，このグラフは $X_1, X_2, \cdots, X_p$ の同時分布に対して，ある制約を与える，すなわち，ある確率モデルを与えるものとする．

【定義 4.1】 非巡回的有向独立グラフ

非巡回的有向グラフ $G = (V, E)$ が $V = \{X_1, X_2, \cdots, X_p\}$ の同時確率密度関数をグラフにしたがう逐次的因数分解の形，すなわち

$$f_V(x_1, x_2, \cdots, x_p) = \prod_{i=1}^{p} f_{i \cdot pa}(x_i | pa(x_i)) \qquad (4.10)$$

の形に規定するとき，そのグラフを**非巡回的有向独立グラフ**という．ここに，$f_{i \cdot pa}(x_i | pa(x_i))$ は $pa(X_i)$ を与えたときの X_i の条件付き密度関数であり，

$pa(X_i)$ が空のときには X_i の周辺密度関数を意味する. □

【例 4.1】 図 4.1 に示す非巡回的有向独立グラフが規定する逐次的因数分解は

$$f_V(x_1, x_2, \cdots, x_5)$$
$$= f_1(x_1)f_2(x_2)f_{3\cdot pa}(x_3|x_1, x_2)f_{4\cdot pa}(x_4|x_1)f_{5\cdot pa}(x_5|x_3, x_4) \quad (4.11)$$

である. □

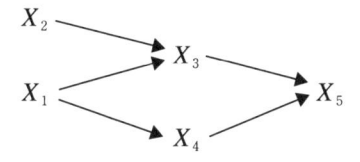

図 4.1 非巡回的有向独立グラフの例

4.2.3 パスダイアグラムとの関係

既に第 3 章でパスダイアグラムと構造方程式モデルを取り上げた. 実は, 両側矢線のないパスダイアグラムは非巡回的有向独立グラフの特別な場合になっている. もう一度, 図 3.2 のパスダイアグラムを見ていただきたい. そこでは, X_1 から X_3 へ矢線がなかった. それに対応する構造方程式は (3.2) 式での

$$X_3 = \alpha_{32}X_2 + \varepsilon_3$$

である. この右辺に X_1 がない. その一方で, 右辺に登場する X_2 の親が X_1 である. これはつまり, X_1 と X_2 を与えたときの X_3 の条件付き分布は, X_2 のみを与えたときの X_3 の条件付き分布と等しいことを意味する. よって, (3.2) 式の構造方程式は, X_1, X_2, X_3, X_4 の同時分布に対して

$$f_V(x_1, x_2, x_3, x_4) = f_1(x_1)f_{2\cdot pa}(x_2|x_1)f_{3\cdot pa}(x_3|x_2)f_{4\cdot pa}(x_4|x_1, x_2, x_3)$$
(4.12)

という逐次的因数分解を規定している. この点で (3.2) 式を図的表現したパスダイアグラム (図 3.2) は, 非巡回的有向独立グラフの条件を満たしている.

ただし, ここで次の点に注意しなければならない. 構造方程式は右辺が原因で

左辺が結果という明確な因果モデルであり，それを図的表現したパスダイアグラムの矢線は**因果関係**を意味している．それに対して，非巡回的有向独立グラフは「因果」という言葉を全く使わず，純粋な確率論のフレームワーク内で定義されたものである．つまり，非巡回的有向独立グラフ自体は，変数間の因果関係を何ら規定しないのである．たとえば，図 3.4(c) に与えた連鎖系

$$X_1 \to X_2 \to X_3$$

がパスダイアグラムであれば，その構造方程式は (3.9) 式だから

$$f_V(x_1, x_2, x_3) = f_1(x_1) f_{2 \cdot pa}(x_2 | x_1) f_{3 \cdot pa}(x_3 | x_2) \qquad (4.13)$$

という逐次的因数分解が成り立つ．ところが，この同時分布においては

$$f_V(x_1, x_2, x_3) = f_3(x_3) f_{2 \cdot pa}(x_2 | x_3) f_{1 \cdot pa}(x_1 | x_2) \qquad (4.14)$$

という逆向きの逐次的因数分解も成り立っている．すなわち

$$X_1 \leftarrow X_2 \leftarrow X_3$$

というグラフは，構造方程式 (3.9) 式に対して，パスダイアグラムとしては誤っているが，非巡回的有向独立グラフとしては誤りでない．別な言い方をすれば，上に示した 2 つのグラフは同時分布という点からは識別できないものということになる．これについては，4.4 節で改めて議論する．もう一度繰り返すが，非巡回的有向独立グラフは純粋な確率論的モデルであって，因果モデルではない．因果的情報や仮定が加わってはじめて，統計的因果推論のツールになる．

4.2.4　両側矢線の混在への対応

3.1 節で，構造方程式に外生変数が複数あり，その間に相関関係がある場合を取り上げた．そして，その場合に対応するパスダイアグラムは，図 3.3 に示したように，外生変数間を**両側矢線**(あるいは無向の辺) で結んだものになることを述べた．さらに，2.1 節で述べた変数の分類と関連付けて，共変量の多く

4.2 非巡回的有向グラフで規定される確率モデル

が外生変数としてモデル化されることを述べた．実際，共変量間には相関関係が観察されることが少なくない．よって，統計的因果分析の現実の場では，両側矢線を含んだパスダイアグラムを扱うことは不可避といえる．

ところで，相関関係を与える因果メカニズムとして，3.2 節に述べたように
1) 直接的因果関係
2) 間接的因果関係
3) 共通原因による擬似相関
4) 選択の偏り

の 4 つがある．両側矢線で表現される共変量間の相関は基本的に 3) のパターンとみなせる．つまり，背後に観察されていない潜在的共通原因があり，この変動によって共変量間に相関が生じていると考える．たとえば，図 4.1 の非巡回的有向独立グラフで，親が空の X_1 と X_2 が両側矢線で結ばれたグラフを考えよう．それを図 4.2 に示す．

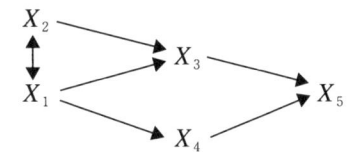

図 4.2 外生変数間に両側矢線のあるグラフの例

しかし，X_1 と X_2 の背後に潜在変数 U があって，

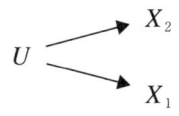

という構造が隠れているとすれば，$X_1, X_2, X_3, X_4, X_5, U$ という 6 変数において非巡回的有向独立グラフを想定することができ，それに対応した逐次的因数分解は

$$f_V(x_1, x_2, \cdots, x_5, u) = f_U(u) f_{1 \cdot pa}(x_1 | u) f_{2 \cdot pa}(x_2 | u)$$
$$\times f_{3 \cdot pa}(x_3 | x_1, x_2) f_{4 \cdot pa}(x_4 | x_1) f_{5 \cdot pa}(x_5 | x_3, x_4)$$

(4.15)

となる．ここで後述する定理 4.3 を用いると，$X_1 \perp\!\!\!\perp X_2 \mid U$ であるので，(4.2)式より $f_U(u)f_{1\cdot pa}(x_1|u)f_{2\cdot pa}(x_2|u) = f_{1,2,U}(x_1,x_2,u)$ の関係を得る．(4.15)式でこの置き換えをした後，U で周辺積分すれば，X_1,X_2,X_3,X_4,X_5 の同時分布について

$$f_V(x_1,x_2,\cdots,x_5) = f_{1,2}(x_1,x_2)f_{3\cdot pa}(x_3|x_1,x_2)f_{4\cdot pa}(x_4|x_1)f_{5\cdot pa}(x_5|x_3,x_4) \quad (4.16)$$

という逐次的因数分解を得る．つまり，両側矢線で結ばれた外生変数 X_1,X_2 についてはひとまとめにしておけばよい．

4.3 マルコフ性

4.3.1 局所的マルコフ性

同時確率密度関数の逐次的因数分解は，確率変数間の独立性・条件付き独立性を主張する．まず，次の局所的マルコフ性が導かれる．

【定理 4.3】非巡回的有向独立グラフでの局所的マルコフ性

非巡回的有向独立グラフでは，任意の X_i は，その親を与えたとき，親以外のすべての非子孫と条件付き独立である．すなわち

$$X_i \perp\!\!\!\perp nd(X_i) \backslash pa(X_i) \mid pa(X_i)$$

が成り立つ．親が存在しない場合は，条件部が空になり独立性を意味する．□

証明に先立ち，例を見ておこう．

【例 4.2】図 4.1 の非巡回的有向独立グラフにおいて，局所的マルコフ性が主張する独立性・条件付き独立性は

$$
\begin{aligned}
&X_1 \perp\!\!\!\perp X_2 \\
&X_2 \perp\!\!\!\perp (X_1, X_4) \\
&X_3 \perp\!\!\!\perp X_4 \mid (X_1, X_2) \\
&X_4 \perp\!\!\!\perp (X_2, X_3) \mid X_1 \\
&X_5 \perp\!\!\!\perp (X_1, X_2) \mid (X_3, X_4)
\end{aligned}
\tag{4.17}
$$

である. □

(定理 4.3 の証明)

まず, $V = \{X_1, X_2, \cdots, X_p\}$ の同時確率密度関数は, (4.10) 式のように逐次的因数分解されているので, 任意の X_i において, X_i の子孫となるすべての変数で (4.10) 式を周辺積分する (後述の補題 4.2 を参照). そこで残った変数を, 一般性を失うことなく, $V' = \{X_1, X_2, \cdots, X_q\}$ と記せば, V' の同時密度関数は

$$
f_{V'}(x_1, x_2, \cdots, x_q) = \prod_{i=1}^{q} g_i(x_i, pa(x_i)) \tag{4.18}
$$

の形に因数分解されている. ここに関数 g_i は x_i と $pa(x_i)$ の関数である. g_i 以外の関数で, x_i が変数となる関数は, x_i が x_j の親になっている g_j のみである. よって, x_k が x_i の親以外の非子孫であるとき, 関数 g_k の変数に x_i は含まれない. したがって, 定理 4.1 の因数分解基準を適用することで題意を得る.

□

ところで, 局所的マルコフ性は, 全体としては非巡回的有向独立グラフが規定する独立性・条件付き独立性を過不足なく記述しているのだが, 個々の命題は必ずしも十分でない. たとえば, 図 4.1 では $X_1 \perp\!\!\!\perp X_2 \mid X_4$ も成立しているのだが, (4.17) 式にこの表現はない. X_4 が X_1 と X_2 のいずれの親でもないからである. もちろん, この関係は $X_2 \perp\!\!\!\perp (X_1, X_4)$ に定理 4.2 を適用することで直ちに導けるのであるが, そのような演繹過程がかなり面倒になることもある. そこで, 非巡回的有向独立グラフで成り立っている独立性・条件付き独立性を直接的に表現する基準が望まれる. それが**大域的マルコフ性**と呼ばれる基準である. それを次に述べる.

4.3.2 大域的マルコフ性

非巡回的有向独立グラフでの大域的マルコフ性の表現は 2 通りあり，いずれもやや準備がいる．

【定義 4.2】モラルグラフ

非巡回的有向グラフ $G = (V, E)$ に対して，すべての V 字合流点の親を無向の辺で結び，さらにすべての矢線を無向の辺に置き換えた無向グラフを**モラルグラフ**という． □

図 4.1 の非巡回的有向独立グラフに対するモラルグラフを図 4.3 に示す．追加された辺に注意して見てほしい．

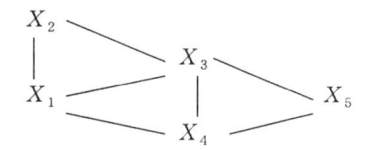

図 4.3 モラルグラフの例（図 4.1 に対応）

【補題 4.1】モラルグラフでの大域的マルコフ性

非巡回的有向独立グラフのモラルグラフにおいて，$\{X_i, X_j\}$ と排反な変数集合 S が X_i と X_j を分離しているならば

$$X_i \perp\!\!\!\perp X_j \mid S$$

が成り立つ． □

（補題 4.1 の証明）

いま，モラルグラフにおいて頂点集合 S が X_i と X_j を分離している．そこで，V から S を除いた部分グラフの連結成分で X_i を含むものを I とし，$J = V \setminus (S \cup I)$ とする．このとき明らかに $X_j \in J$ である．また，S は I と J を分離している．一方，$V = \{X_1, X_2, \cdots, X_p\}$ の同時確率密度関数は

$$f_V(x_1, x_2, \cdots, x_p) = \prod_{k=1}^{p} g_k(x_k, pa(x_k))$$

の形に因数分解されている．ここに関数 g_k は x_k と $pa(x_k)$ の関数である．こ

こで任意の X_k において，頂点集合 $\{X_k\}\cup pa(X_k)$ は，$I\cup S$ と $J\cup S$ のいずれかのみに含まれる．よって，上の因数分解式は，$I\cup S$ の要素の関数と $J\cup S$ の要素の関数とに分解されている．よって題意が成り立つ． □

【補題 4.2】先祖集合での構造保存性

非巡回的有向独立グラフが与えられ，全変数集合 $V=\{X_1,X_2,\cdots,X_p\}$ の部分集合 A が先祖集合であるならば，A に含まれる変数の周辺密度関数は，部分グラフ $G(A)$ にしたがって逐次的因数分解されている． □

（補題 4.2 の証明）

非巡回的有向独立グラフの定義より $V=\{X_1,X_2,\cdots,X_p\}$ の同時確率密度関数は

$$f_V(x_1,x_2,\cdots,x_p)=\prod_{i=1}^{p}f_{i\cdot pa}(x_i|pa(x_i))$$

と逐次的因数分解されている．いま，A は先祖集合であるから，A に含まれない任意の変数を x_j とし，A に含まれる任意の変数を x_i をしたとき，x_j は条件付き密度関数 $f_{i\cdot pa}(x_i|pa(x_i))$ の変数でない．よって，上式を A に含まれないすべての変数で周辺積分すれば題意を得る． □

以上の準備のもと，次の定理が Lauritzen et al.(1990) によって与えられた．

【定理 4.4】非巡回的有向独立グラフでの大域的マルコフ性（1）

非巡回的有向独立グラフにおいて，$\{X_i,X_j\}$ と排反な変数集合 S を考える．$\{X_i,X_j\}$ と S の和集合に対する最小先祖集合が導く部分グラフのモラルグラフにおいて，S が X_i と X_j を分離しているならば

$$X_i \perp\!\!\!\perp X_j | S$$

が成り立つ． □

（定理 4.4 の証明）

補題 4.2 より，$\{X_i,X_j\}$ と S の和集合に対する最小先祖集合に属する変数の周辺密度関数は，この最小先祖集合が導く部分グラフにしたがって逐次的因数分解されている．つまり，この部分グラフは，この最小先祖集合に含まれる変数に対する非巡回的有向独立グラフである．この部分グラフのモラルグラフにおい

て S が X_i と X_j を分離しているのであるから，補題 4.1 より題意を得る．□

次に，もうひとつの大域的マルコフ性の表現を与える．そのために，非巡回的有向グラフにおける有向分離を定義する．

【定義 4.3】有向分離

非巡回的有向グラフ $G = (V, E)$ を考える．2 つの頂点 α と β を結ぶすべての道のそれぞれについて，$\{\alpha, \beta\}$ と排反な頂点集合 S が次の条件のいずれかを満たすとき，S は α と β を**有向分離**(d-separate) するという．

1) α と β を結ぶ道上の合流点で，その合流点とその子孫が S に含まれないものがある．
2) α と β を結ぶ道上の非合流点で，S に含まれるものがある．

なお，α と β を結ぶ道がないときは，空集合が α と β を有向分離するという．

□

【定理 4.5】非巡回的有向独立グラフでの大域的マルコフ性（2）

非巡回的有向独立グラフにおいて，$\{X_i, X_j\}$ と排反な変数集合 S を考える．S が X_i と X_j を有向分離しているならば

$$X_i \perp\!\!\!\perp X_j | S$$

が成り立つ． □

この定理 4.5 と先の定理 4.4 は等価であることが知られている．非巡回的有向独立グラフにおいて成立しているすべての独立性・条件付き独立性は，これら 2 つの大域的マルコフ性のいずれによっても表現されている．よって，独立性・条件付き独立性の判定にはどちらを用いてもよく，自分にとってわかりやすいほうを用いればよい（どちらも慣れるにはやや時間がかかるが）．また，定理 4.5 の証明は著しく複雑なので省略し，例を通して意味をつかんでおこう．

まず，有向分離の条件 2) は，図 3.4 の 3 変数による基本構造でいえば

- 分岐系においては，親が 2 つの子を有向分離している．
- 連鎖系においては，間にある介在変数がその親と子を有向分離している．

ことを意味しているので，ほぼ自明であろう．一方，条件 1) は，3 変数の V 字合流形のような単純な場合は，図 3.6 に例示した**選択による偏り**を意味し，V 字合流点

において子を与えると親同士が条件付き独立にならないことを主張している．注意しなければならないのは，<u>ひとつの道に合流点と非合流点が混在する場合や，ひとつの道に複数の合流点がある場合</u>である．

【例 4.3】図 4.4 に示す 2 つの非巡回的有向独立グラフで有向分離の判定条件を考察しよう．図 4.4(a) を M 字形，(b) を W 字形と呼ぶ．いずれにおいても，独立性・条件付き独立性の対象とする変数を X で表し，条件にする変数を Z で表している．

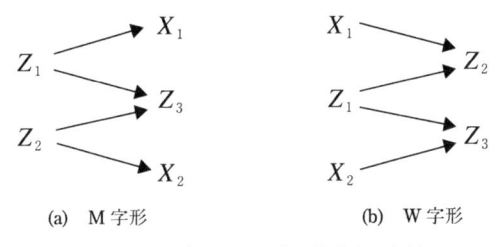

図 4.4 有向分離の判定で注意すべき例

図 4.4(a) の M 字形では，まず，X_1 と X_2 を空集合が有向分離している．それは，空集合が合流点 Z_3 を含まないので，定義 4.3 の条件 1) を満たしているからである．よって

$$X_1 \perp\!\!\!\perp X_2$$

が成り立つ．次に，$\{Z_1\}$，$\{Z_2\}$，$\{Z_1, Z_2\}$ は条件 1)，2) をいずれも満たすので

$$X_1 \perp\!\!\!\perp X_2 | Z_1, \quad X_1 \perp\!\!\!\perp X_2 | Z_2, \quad X_1 \perp\!\!\!\perp X_2 | (Z_1, Z_2)$$

がそれぞれ成り立つ．さらに $\{Z_1, Z_3\}$，$\{Z_2, Z_3\}$，$\{Z_1, Z_2, Z_3\}$ は条件 1) は満たさないが，2) を満たすので

$$X_1 \perp\!\!\!\perp X_2 | (Z_1, Z_3), \quad X_1 \perp\!\!\!\perp X_2 | (Z_2, Z_3), \quad X_1 \perp\!\!\!\perp X_2 | (Z_1, Z_2, Z_3)$$

がそれぞれ成り立つ．ところが，$\{Z_3\}$ は 1) も 2) も満たさない．したがって $X_1 \perp\!\!\!\perp X_2 | Z_3$ は成立しない．定理 4.4 の言葉でいえば，$\{X_1, X_2, Z_3\}$ の最小先祖集合がなす部分グラフは図 4.4(a) そのものであり，そのモラルグラフで Z_1

と Z_2 が隣接するため，$\{Z_3\}$ が X_1 と X_2 を分離していない．

同様に，図 4.4(b) の W 字形では

$$X_1 \perp\!\!\!\perp X_2, \quad X_1 \perp\!\!\!\perp X_2 \mid Z_1, \quad X_1 \perp\!\!\!\perp X_2 \mid Z_2, \quad X_1 \perp\!\!\!\perp X_2 \mid Z_3$$

がまず成り立つ．ここで $\{Z_2\}$ と $\{Z_3\}$ はそれぞれ合流点のみからなるが，他にも合流点があるので条件 1) を満たすのである．これに対して $X_1 \perp\!\!\!\perp X_2 \mid (Z_2, Z_3)$ は成り立たない．その他で成立するのは

$$X_1 \perp\!\!\!\perp X_2 \mid (Z_1, Z_2), \quad X_1 \perp\!\!\!\perp X_2 \mid (Z_1, Z_3), \quad X_1 \perp\!\!\!\perp X_2 \mid (Z_1, Z_2, Z_3)$$

である． □

4.4 忠実性と観察的同値性

4.4.1 忠実性

いま，$V = \{X_1, X_2, \cdots, X_p\}$ の同時確率密度関数が非巡回的有向グラフ $G = (V, E)$ にしたがって逐次的因数分解されているとする．すなわち，この分布にとってグラフ $G = (V, E)$ は非巡回的有向独立グラフであるとする．

このとき，$V = \{X_1, X_2, \cdots, X_p\}$ の同時分布において，非巡回的有向独立グラフで規定されるマルコフ性以外のいかなる独立性・条件付き独立性も付加的に成り立っていないならば，$V = \{X_1, X_2, \cdots, X_p\}$ の同時分布は非巡回的有向独立グラフに**忠実**(faithful) であるという．

忠実の意味を理解するために，忠実でない例を挙げよう．線形構造方程式と対応するパスダイアグラムを考える．既に述べたように，パスダイアグラムは非巡回的有向独立グラフの特別な場合である．線形構造方程式は

$$X_2 = \alpha_{21} X_1 + \varepsilon_2$$
$$X_3 = \alpha_{31} X_1 + \alpha_{32} X_2 + \varepsilon_3$$

で，対応するパスダイアグラムは図 4.5 である．これはすべての変数間に矢線があるので，**完全グラフ**と呼ばれる．完全グラフはいかなる独立性・条件付き独立性も規定しない．

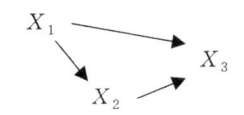

図 4.5 完全グラフのパスダイアグラム

ここで，X_1, X_2, X_3 は平均 0，分散 1 に基準化され，かつ，3 次元正規分布にしたがうとする．このとき，3.2 節で論じた相関の分解より，X_1 と X_3 の母相関係数は

$$\rho_{13} = \alpha_{31} + \alpha_{21}\alpha_{32}$$

とパス係数で表現される．よって，$\alpha_{31} = -\alpha_{21}\alpha_{32}$ のときには X_1 と X_3 は独立になる．同様に，X_2 と X_3 の母相関係数は

$$\rho_{23} = \alpha_{32} + \alpha_{21}\alpha_{31}$$

であるから，$\alpha_{32} = -\alpha_{21}\alpha_{31}$ のときには X_2 と X_3 は独立になる．このような場合，(X_1, X_2, X_3) の同時分布はその非巡回的有向独立グラフに対して忠実ではないことになる．

しかし，パス係数とは連続値をとる母数であるから，ベイズ流の立場でこれらの母数に連続な事前分布を考えたとすれば，このような忠実でない状況とは，まさに確率 0 で生じる事象といえる．よって，忠実性を仮定することは，それほど非現実的ではない．

さて，同時分布がその非巡回的有向独立グラフに忠実なとき，前節に述べた大域的マルコフ性は，独立性・条件付き独立性に対する必要十分条件になる．定理 4.5 の言葉でいえば，「非巡回的有向独立グラフに忠実な同時分布においては，$\{X_i, X_j\}$ と排反な変数集合 S が X_i と X_j を有向分離しているならば，またそのときに限り，$X_i \perp\!\!\!\perp X_j \mid S$ が成り立つ」となる．

4.4.2 観察的同値性

既に 4.2.3 項で述べたように，非巡回的有向独立グラフは純粋な確率論的モデルであって，同時分布という点からは識別できないグラフが複数存在しうる．この項では，ある同時分布とそれを規定する非巡回的有向独立グラフが与えら

れたとき，その同時分布はその非巡回的有向独立グラフに忠実であるとする．

このとき，非巡回的有向独立グラフが規定するマルコフ性，すなわち，独立性・条件付き独立性から区別できないグラフは**観察的に**同値であるという．言い換えれば，観察的に同値な非巡回的有向独立グラフは，全く同一の独立性・条件付き独立性の集合を与えるものである．

観察的に同値な非巡回的有向独立グラフの簡単な例を図 4.6 に示す．

$$X_1 \to X_2 \to X_3 \qquad X_1 \leftarrow X_2 \leftarrow X_3 \qquad X_1 \leftarrow X_2 \to X_3$$
$$\text{(a)} \qquad\qquad\qquad \text{(b)} \qquad\qquad\qquad \text{(c)}$$

図 4.6 観察的に同値なグラフの例

図 4.6 の 3 つのグラフの特徴は

- 頂点集合が等しい．
- 矢線の矢をとって無向の辺にしたとき，同一の無向グラフを与える．
- V 字合流点がない．

ことである．実は，この 3 点がポイントなのである．

頂点集合，すなわち変数集合が異なれば，それを認識できることは自明であろう．また，ある変数対においていずれの向きにも矢線がないとき，それらの変数対には何らかの独立性・条件付き独立性が必ず成り立つ．それは逐次的因数分解と因数分解基準より明らかである．よって，矢線の存在しない変数対が 2 つのグラフ間で異なれば，それは分布特性として識別できる．さらに，V 字合流点が大事な役目を果たす．簡単な例として

$$X_1 \to X_2 \leftarrow X_3$$

は，図 4.6 の 3 つのグラフと同じ変数集合で，矢線を無向辺に変えたときに同じ無向グラフになるにもかかわらず，成り立っている独立性・条件付き独立性が異なる．よって，分布特性より図 4.6 の 3 つのグラフとは異なるグラフと認識できる．実際，モラルグラフが異なる．これを一般的に考えよう．

再び，図 4.1 の非巡回的有向独立グラフを見ていただきたい．このグラフには $X_2 \to X_3 \leftarrow X_1$ と $X_3 \to X_5 \leftarrow X_4$ という 2 つの V 字合流がある．同時

4.4 忠実性と観察的同値性

分布がグラフに忠実ならば，有向分離は独立性・条件付き独立性の必要十分条件である．V 字合流点は 2 つの親を有向分離しないので，V 字合流点を与えたときに，2 つの親は条件付き独立にならない．なぜなら，有向分離の定義での「2 つの頂点 α と β を結ぶすべての道のそれぞれについて」という条件に注意すれば，V 字合流を形成する 2 つの親を結ぶ道として，親 → 子 ← 親という道があり，この道に介在する頂点は V 字合流点の子のみである．よって，ある頂点集合がある V 字合流点を含む限り，その頂点集合はその V 字合流点の 2 つの親を有向分離しない．これが V 字合流点の著しい特徴である．

これに対して，図 4.1 において $X_1 \to X_3 \to X_5$ という道に注目すると，$X_1 \perp\!\!\!\perp X_5 \mid X_3$ は成り立たないが，$X_1 \perp\!\!\!\perp X_5 \mid (X_3, X_4)$ が成り立つ．つまり，非巡回的有向独立グラフの矢線を無向の辺に置き換えた無向グラフにおいて，$X_i - X_k - X_j$ という X_i と X_j が隣接していない任意の道に対して，もとの非巡回的有向独立グラフで X_k が V 字合流点でなければ，X_k を含むある頂点集合 S に対して $X_i \perp\!\!\!\perp X_j \mid S$ が成り立つ．逆に，X_k が V 字合流点ならば，上述したように，X_k を含む任意の頂点集合 S に対して $X_i \perp\!\!\!\perp X_j \mid S$ が成り立たない．このようにして，V 字合流点は同時分布の独立性・条件付き独立性の性質のみから識別できる．

以上をまとめると，**観察的に同値な非巡回的有向独立グラフ**は
- 矢線を辺にかえた無向グラフが同一である．
- V 字合流点をなす $X_i \to X_k \leftarrow X_j$ の集合が等しい．

という条件で記述される (Pearl(1998))．

5

介入効果とその識別可能条件

5.1 因果ダイアグラムと介入効果

5.1.1 構造方程式による因果ダイアグラムの定義

第3章では,構造方程式モデルを線形構造方程式モデルに限定したが,ここではそれを一般の関数形に拡張し,それを用いて因果ダイアグラムの定義を行うことにする.

【定義5.1】 **因果ダイアグラム**

非巡回的有向グラフ $G=(V,E)$ と,その頂点に対応する確率変数の集合 $V=\{X_1,X_2,\cdots,X_p\}$ が与えられている.グラフ G が変数間の因果的関係を

$$X_i = g_i(pa(X_i),\varepsilon_i) \qquad (i=1,2,\cdots,p) \tag{5.1}$$

なる形に規定し,各変数がこの因果的関係にしたがって生成されるとき,グラフ G を**因果ダイアグラム**という.ここに,誤差変数 $\varepsilon_1,\varepsilon_2,\cdots,\varepsilon_p$ はたがいに独立とする. □

(5.1) 式は統計的関連モデルでなく,"data-generating process" を表す統計的因果モデル,すなわち**構造方程式モデル**である.

確率変数間の因果的関係が (5.1) 式によって規定されたとき,その同時分布においてはグラフ G にしたがう**逐次的因数分解**,すなわち (4.10) 式に与えた

$$f_V(x_1,x_2,\cdots,x_p) = \prod_{i=1}^{p} f_{i\cdot pa}(x_i|pa(x_i))$$

が成立する (Pearl(1995)).つまり,因果ダイアグラムは,それを形式的に非巡

回的有向独立グラフとみたとき，そこで規定される独立性・条件付き独立性を満たすことになる．言い換えると，非巡回的有向独立グラフで，すべての矢線に因果的意味付けが可能なとき，そのグラフを因果ダイアグラムと呼ぶことになる．

5.1.2 介入効果の数学的定義

Pearl(1995) は，因果ダイアグラムが与えられたとき，ある変数に対して，それへの有向道をもつ変数には操作をせず，その変数自体を外的操作によってある値に固定する行為を**介入**(intervention) と定義した．2.1.1 項で議論した変数の分類からいえば，介入が可能な変数は処理変数に限られる．さらに，変数 X に介入したときの別の変数 Y への因果的効果を**介入効果**と呼び，その数学的定義を次のように与えた．なお，Y としては反応変数あるいは中間特性が該当する．このとき，X に有向道をもつ変数 (これは共変量など X に先行する別な変数である) のいくつかを観測しても，その値とは無関係に X の値を x に固定していることに注意する．X へ有向道をもつ変数の値に x が依存する場合を**条件付き介入**と呼び，それと区別する場合には**無条件介入**という．本章での介入は無条件介入で，条件付き介入については第 7 章で取り上げる．

【定義 5.2】 **介入効果**

頂点集合を $V = \{X, Y, Z_1, Z_2, \cdots, Z_p\}$ とする因果ダイアグラム G において

$$f(y|\,set(X=x)) = \int \cdots \int \frac{f_V(x, y, z_1, z_2, \cdots, z_p)}{f_{X \cdot pa}(x|\,pa(x))}\, dz_1 \cdots dz_p \quad (5.2)$$

を X の Y への**介入効果**という．ここに，$set(X = x)$ は介入によって X の値を x に固定したことを意味する． □

この $set(X = x)$ という記号は確率論にはない新しい記号であり，**セット・オペレーション**と呼ばれる．その一方で，(5.2) 式の右辺は純粋な確率論の用語で記述されていることに注意する．また，(5.2) 式を y について全域で積分すると 1 になることにも注意する．すなわち，介入効果は確率密度関数の性質をもつ．このように定義される介入効果を因果ダイアグラムで解釈すると，X へ向かう矢線を G よりすべて取り除いたグラフにおいて，X の値を x に固定した

ときの Y の周辺密度関数である．

5.1.3 介入効果の定義は合理的か

さて，定義 5.2 で与えられた介入効果には合理性があるのだろうか．もともと定義とは定理と違って真偽の判定はつかない．定義する人の自由である．よって定義の意義はその利用価値によって評価される．

では，定義 5.2 の合理性・妥当性を簡単な例で検討しよう．まず注意すべきことは，介入効果 $f(y|\,set(X=x))$ が通常の条件付き密度関数 $f_{Y \cdot X}(y|x)$ とは一般に異なることである．

【例 5.1】 図 5.1 に示す 3 つの因果ダイアグラムを考えよう．

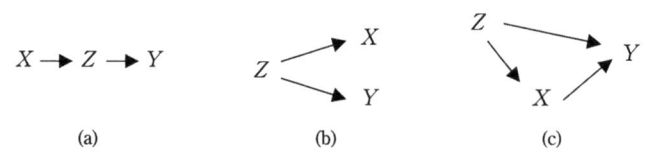

図 5.1 簡単な因果ダイアグラムの例

まず，図 5.1(a) では，同時分布が

$$f_V(x,y,z) = f_X(x) f_{Z \cdot X}(z|x) f_{Y \cdot Z}(y|z)$$

と逐次的因数分解されているので，(5.2) 式に代入することで

$$f(y|\,set(X=x)) = \int f_{Z \cdot X}(z|x) f_{Y \cdot Z}(y|z)\, dz$$

を得る．ここで $Y \perp\!\!\!\perp X \mid Z$ が成り立つので，$f_{Y \cdot Z}(y|z) = f_{Y \cdot XZ}(y|x,z)$ である．また，$f_{Z \cdot X}(z|x) = f_{XZ}(x,z)/f_X(x)$ であるから，結局

$$f(y|\,set(X=x)) = \int \frac{f_{XYZ}(x,y,z)}{f_X(x)}\, dz = f_{Y \cdot X}(y|x) \quad (5.3)$$

となる．この図 5.1(a) は，処理変数 X が中間特性 Z を介して反応変数 Y に因果的効果をもつ場合であるから，条件付き分布 $f_{Y \cdot X}(y|x)$ が因果的効果を表していることは妥当といえる．

次に，図 5.1(b) では，同時分布が

$$f_V(x,y,z) = f_Z(z)f_{X\cdot Z}(x|z)f_{Y\cdot Z}(y|z)$$

と逐次的因数分解されており，(5.2) 式に代入すれば

$$f(y|\,set(X=x)) = \int f_Z(z)f_{Y\cdot Z}(y|z)\,dz \;=\; f_Y(y) \qquad (5.4)$$

となり，この場合の介入効果は Y の周辺密度関数となる．この図 5.1(b) では X から Y への有向道がないのだから，X に人為的操作を加えても Y への影響はない．その意味でこの (5.4) 式の結果も合理的である．

最後に，図 5.1(c) は**完全グラフ**なので，逐次的因数分解は，同時確率密度関数を単に条件付き密度関数と周辺密度関数で表現したものに帰着し

$$f_V(x,y,z) = f_Z(z)f_{X\cdot Z}(x|z)f_{Y\cdot XZ}(y|x,z)$$

である．これを (5.2) 式にあてはめると

$$f(y|\,set(X=x)) = \int f_Z(z)f_{Y\cdot XZ}(y|x,z)\,dz \qquad (5.5)$$

を得る．この図 5.1(c) は，1.3 節に述べたように，<u>X が処理変数，Y が反応変数で，共変量 Z がそれらの交絡因子になっている場合</u>である．そのときの因果的効果は，2.3 節の (2.7) 式にみたように，まず，Z で層別したときの X から Y への因果的効果を求め，それを Z の分布で平均化することで求めるべきである．この (5.5) 式はまさにそれに相当している．この点から (5.5) 式も合理的である．

以上の 3 つのケースで検討すると，(5.2) 式で定義される介入効果は我々のこれまでの常識に十分合致し，かつ，それらを統一的に表現したものとして利用価値があるといえよう． □

5.1.4 総合効果との関係

定義 5.1 では構造方程式を線形に限定せず，定義 5.2 では介入効果を分布という形でいわばノンパラメトリックに与えた．では，線形構造方程式とそれに対応するパスダイアグラムにおいては，介入効果はどうなっているのだろうか．

第 3 章の図 3.2 に示したパスダイアグラムを，変数名を変え図 5.2 として再掲する．対応する線形構造方程式は，(3.2) 式の変数名とパス係数の添字を変

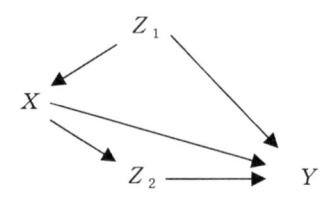

図 5.2 因果ダイアグラムの例（図 3.2 の再掲）

えた

$$
\begin{aligned}
X &= \alpha_{xz_1} Z_1 + \varepsilon_x \\
Z_2 &= \alpha_{z_2 x} X + \varepsilon_{z_2} \\
Y &= \alpha_{yz_1} Z_1 + \alpha_{yx} X + \alpha_{yz_2} Z_2 + \varepsilon_y
\end{aligned} \tag{5.6}
$$

である．ここで，X が処理変数，Y が反応変数，Z_1 が共変量，Z_2 が中間特性とする．(5.2) 式の積分内の分母は，同時密度関数の逐次的因数分解から X の条件付き密度関数を抜くことを意味し，それはグラフでいえば X への矢線を抜くことを意味した．そのことは構造方程式から X が左辺にある式を抜くことに相当する．さらに，X の値を x に固定することは，それ以外の式で右辺にある大文字の X を小文字の x へ置き換えることを意味する．よって，X に介入したときの線形構造方程式は

$$
\begin{aligned}
Z_2 &= \alpha_{z_2 x} x + \varepsilon_{z_2} \\
Y &= \alpha_{yz_1} Z_1 + \alpha_{yx} x + \alpha_{yz_2} Z_2 + \varepsilon_y
\end{aligned} \tag{5.7}
$$

となる．ここで，(5.7) 式の第 1 式を第 2 式に代入して整理すると

$$
Y = \alpha_{yz_1} Z_1 + (\alpha_{yx} + \alpha_{yz_2} \alpha_{z_2 x}) x + \alpha_{yz_2} \varepsilon_{z_2} + \varepsilon_y \tag{5.8}
$$

を得る．さらに，X, Y, Z_1, Z_2 およびすべての誤差が平均 0 に基準化されていれば，この式の期待値は

$$
E[Y] = (\alpha_{yx} + \alpha_{yz_2} \alpha_{z_2 x}) x \tag{5.9}
$$

となる．ここで，x の係数は，まさに X から Y への**総合効果**に他ならない．すなわち，(5.2) 式で定義された介入効果は分布の形であるが，線形構造方程式の

もとで，その平均を求めれば，そこに総合効果が係数として現れる．この点で，介入効果は総合効果を一般化したもの と位置付けることができよう．

ちなみに図 5.2 での介入効果を求めてみると，(5.2) 式より

$$f(y|\,set(X=x)) = \int\int f_{Z_1}(z_1) f_{Z_2\cdot pa}(z_2|x) f_{Y\cdot pa}(y|z_1,x,z_2)\,dz_1\,dz_2$$

である．ここで，Z_1 から Z_2 への矢線がなく，$Z_1 \perp\!\!\!\perp Z_2 \mid X$ が成り立つので，$f_{Z_2\cdot pa}(z_2|x) = f_{Z_2\cdot Z_1 X}(z_2|z_1,x)$ である．これを代入して整理すると

$$f(y|\,set(X=x)) = \int\int f_{Z_2 Y\cdot Z_1 X}(z_2,y|z_1,x) f_{Z_1}(z_1)\,dz_1\,dz_2$$
$$= \int f_{Y\cdot Z_1 X}(y|z_1,x) f_{Z_1}(z_1)\,dz_1 \qquad (5.10)$$

と書き改めることができ，z_2 に依存しない形を得る．このことは (5.8) 式に対応している．この (5.10) 式は基本的に，図 5.1(c) に対応する (5.5) 式と同一形である．

5.1.5　推測ルール

例 5.1 や (5.10) 式の導出で行ったように，(5.2) 式の定義をもとに，因果ダイアグラムで成立している独立性・条件付き独立性を利用した式変形を行うことで，介入効果についての基本的性質を得ることができる．これらは **推測ルール** と呼ばれる．準備として，条件側にセット・オペレーションと通常の確率変数が混在した場合の介入効果の式を次のように定義しておく．

$$f(y|\,set(X=x),z) = \frac{f(y,z|\,set(X=x))}{f(z|\,set(X=x))} \qquad (5.11)$$

(5.11) 式の右辺に登場する式は，分母はもちろん分子においても既に (5.2) 式の枠組みの中で定義されていることに注意する．また (5.11) 式は，先にセットを行い，次に条件付き密度をとるという順序のある定義であることにも注意する．

【定理 5.1】　推測ルール
1) 因果ダイアグラム G より X へ向かう矢線をすべて除いたグラフにおいて，X が Y と Z を有向分離するならば

$$f(y|\,set(X=x),z) = f(y|\,set(X=x)) \qquad (5.12)$$

である．

2) 因果ダイアグラム G より X から出る矢線をすべて除いたグラフにおいて，Z が X と Y を有向分離するならば

$$f(y|\,set(X=x),z) = f_{Y \cdot XZ}(y|\,x,z) \qquad (5.13)$$

である．特別な場合として Z が空のときは

$$f(y|\,set(X=x)) = f_{Y \cdot X}(y|\,x) \qquad (5.14)$$

である．

3) 因果ダイアグラム G より X へ向かう矢線をすべて除いたグラフにおいて，Z が X と Y を有向分離するならば

$$f(y|\,set(X=x),z) = f_{Y \cdot Z}(y|\,z) \qquad (5.15)$$

である．特別な場合として Z が空のときは

$$f(y|\,set(X=x)) = f_Y(y) \qquad (5.16)$$

である． □

（定理 5.1 の解説）

まず 1) については，X へ向かう矢線をすべて除いたグラフを考えるのであるから，X の親がない場合を想定してよい．そのときには，X が Y と Z を有向分離しているのだから，その基本パターンは

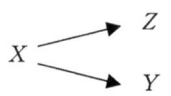

$$X \longrightarrow Z$$
$$X \longrightarrow Y$$

という X が親の分岐系である．この場合は X に介入した際，Z の値を固定してもそれは Y に全く影響しないことはほぼ自明であり，(5.12) 式は納得できる．
次に 2) である．これはまさに図 5.1(c) に相当する．Z が X と Y の共通の

親，すなわち**交絡因子**になっている場合である．このとき，(5.11) 式の分子は (5.2) 式の定義より

$$f(y, z \,|\, set(X = x)) = f_Z(z) f_{Y \cdot XZ}(y \,|\, x, z)$$

となる．一方，(5.11) 式の分母では，X への介入が X への矢線を抜くことを意味し，図 5.1(c) では Z から X への矢線が消えるので，明らかに

$$f(z \,|\, set(X = x)) = f_Z(z)$$

が成り立つ．よって，これらを (5.11) 式に代入すれば，(5.13) 式を得る．また，図 5.1(a) では，X から出る矢線を抜いたとき，空集合が X と Y を有向分離しているので，(5.14) 式の結果になっている．

最後に 3) である．これは図 5.1(a) に相当する．このとき，(5.11) 式の分子は (5.2) 式の定義より

$$f(y, z \,|\, set(X = x)) = f_{Z \cdot X}(z \,|\, x) f_{Y \cdot Z}(y \,|\, z)$$

であり，一方，(5.11) 式の分母は (5.2) 式の定義より

$$f(z \,|\, set(X = x)) = f_{Z \cdot X}(z \,|\, x)$$

である．これらを (5.11) 式に代入すれば，(5.15) 式を得る．また，図 5.1(b) では，X へ向かう矢線を抜いたとき，空集合が X と Y を有向分離しているので，(5.16) 式の結果になっている． □

5.2 バックドア基準

5.2.1 定義と識別可能性

図 5.1(c) に対応する (5.5) 式や，図 5.2 に対応する (5.10) 式にみたように，一般に $f(y \,|\, set(X = x))$ の表現には，X と Y 以外の確率変数も登場する．いま，$V = \{X, Y, Z_1, Z_2, \cdots, Z_p\}$ の部分集合 $A = \{X, Y\} \cup S$ において，A の周辺密度関数によって $f(y \,|\, set(X = x))$ が表現されるとき，X の Y への介入

効果は変数集合 A において**識別可能**であるという．Pearl(1995) は，識別可能となるひとつの十分条件として以下の**バックドア基準**を与えた．

【定義 5.3】バックドア基準

因果ダイアグラム G において，X から Y へ有向道があるとする．このとき，次の2つの条件を満たす頂点集合 S は，(X,Y) について**バックドア基準**を満たすという．

1) X から S の任意の要素へ有向道がない．
2) 因果ダイアグラム G より X から出る矢線を除いたグラフにおいて，S が X と Y を有向分離する． □

バックドア基準を満たす頂点集合は必ず存在する．X の親 $pa(X)$ や非子孫 $nd(X)$ はバックドア基準を満たす自明な頂点集合である．このことからバックドア基準を満たす頂点集合は一般に複数存在することがわかる．実際，ある頂点集合 S がバックドア基準を満たすとき，S に X の子孫でない頂点を加えた集合もまたバックドア基準を満たす．また，因果ダイアグラム G より X から出る矢線を除いたグラフで，X と Y を結ぶ道(正確には，非合流点のみからなる道)がないとき，空集合がバックドア基準を満たす．

【定理 5.2】バックドア基準を満たすときの介入効果の表現

因果ダイアグラム G において，頂点集合 S が (X,Y) についてバックドア基準を満たすならば，X の Y への介入効果は $A = \{X,Y\} \cup S$ において識別可能であり，$S = \{Z_1, Z_2, \cdots, Z_r\}$ と記したとき，介入効果は

$$f(y|\,set(X=x)) = \int \cdots \int f_Z(z_1, \cdots, z_r) f_{Y \cdot XZ}(y|\,x, z_1, \cdots, z_r)\, dz_1 \cdots dz_r \tag{5.17}$$

で与えられる． □

(5.17) 式で Z が単一変数ならば，それは (5.5) 式と同じである．実際，図 5.1(c) で，Z は (X,Y) についてバックドア基準を満たしている．(5.17) 式の主張は要するに，$\{Z_1, Z_2, \cdots, Z_r\}$ がバックドア基準を満たすときには，これらで層別したときの X から Y への因果的効果を条件付き分布として評価し，そ

れを $\{Z_1, Z_2, \cdots, Z_r\}$ の分布で平均化すれば介入効果が求められるということである．また，ここで $r \leq p$ である．すなわち，$A = \{X, Y\} \cup S$ 以外の変数を観測しなくとも，X の Y への介入効果は識別可能になるという主張である．

（定理 5.2 の証明）

Z が単一変数として証明する (以下の展開で，Z をベクトル変数 $\{Z_1, Z_2, \cdots, Z_r\}$ とすれば一般性を失っていない)．全確率の公式より

$$f(y|\,set(X=x)) = \int f(y|\,set(X=x), z) f(z|\,set(X=x))\,dz$$

である．ここで，X から Z への矢線はないので，$f(z|\,set(X=x)) = f_Z(z)$ であり，さらに**推測ルール**の 2) より，$f(y|\,set(X=x), z) = f_{Y \cdot XZ}(y|\,x, z)$ である．これらを上式に代入すれば題意を得る．　　□

5.2.2　バックドア基準の解釈

図 5.1(c) に対応する (5.5) 式や図 5.2 に対応する (5.10) 式で，最終的に残った X と Y 以外の変数はいずれも X と Y に対して交絡因子であった．1.3 節に紹介した**交絡因子の要件**をいま一度確認すると

1) 交絡因子は反応に影響するものでなければならない．
2) 交絡因子は処理と関連していなければならない．
3) 交絡因子は処理から影響されるものであってはならない．

の 3 条件であった．

これとバックドア基準を関連づけると，バックドア基準の条件 1) は，交絡因子の要件 3) に対応する．また，「X から Y へ有向道がある」という前提と，「因果ダイアグラム G より X から出る矢線を除いたグラフにおいて」X と Y を結ぶ道があり，その道上に合流点がないとすれば，それは非巡回性より，X へも Y へも矢線で入る道である．よって，その道にある頂点は明らかに X と相関をもつ．つまり，交絡因子の要件 2) を満たす．さらに，その頂点から Y へ有向道があれば，それは交絡因子の要件 1) も満たす．このとき大事なことは，S はそのような道にある頂点すべてである必要はなく，そのようなすべての道を有向分離 (正確には**ブロック**，5.3.2 項を参照) していればよいのである．

より具体的に考えると，バックドア基準を満たす基本パターンは図 5.3 に示す 2 通りである．ここでは，簡単のため，バックドア基準を満たす頂点集合が単一変数 $S = \{Z\}$ である場合を示している．

まず，図 5.3(a),(b) のそれぞれで，$S = \{Z\}$ がバックドア基準を満たすことを確認する．図 5.3(a) では，X から Y への矢線を除いたグラフで，X と Y を結ぶ道として，$X \leftarrow W \rightarrow Z \rightarrow Y$ と $X \leftarrow Z \rightarrow Y$ がある．このいずれに対しても Z が道上の非合流点である．よって基準を満たす．図 5.3(b) でも，同様に X から Y への矢線を除いたグラフで，X と Y を結ぶ道として $X \leftarrow Z \leftarrow W \rightarrow Y$ と $X \leftarrow Z \rightarrow Y$ があり，このいずれに対しても Z が道上の非合流点である．

また，図 5.3(a),(b) のいずれにおいても，変数 W が交絡因子の 3 条件を満たしていることに注意する．このように <u>W は交絡因子であるにもかかわらず，Z さえ観察していれば W を観測せずとも X から Y への介入効果が識別可能であること</u> を主張しているのが，定理 5.2 の意義である．

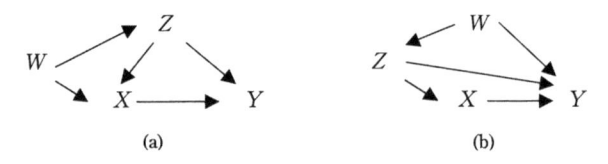

(a)   (b)

図 5.3 バックドア基準を満たす基本パターン

さて，図 5.3(a) では，$Y \perp\!\!\!\perp W \mid (X, Z)$ が成り立つ．つまり，(X, Z) を固定してしまえば，W の Y への影響は消えてしまう．一方，図 5.3(b) においては，$X \perp\!\!\!\perp W \mid Z$ が成り立つ．この条件の意味は第 6 章で改めて述べるように，Y を目的変数にした回帰モデルで考えれば，X, Z, W を説明変数にしたモデルでの X の偏回帰係数と，X と Z のみを説明変数にしたモデルでの X の偏回帰係数が一致する条件になっている．これも，共変量として Z を観測しておけば，W は不要ということを意味する．

一般に，確率変数ベクトル Z がバックドア基準を満たすとき，X の任意の非子孫 W に対して

1) $X \perp\!\!\!\perp W \mid Z$

2) $Y \perp\!\!\!\perp W \mid (X, Z)$

のいずれかは成り立つ．これは次の理由による．いま，W が 1) を満たさないとすると，W と X の間には Z を経由しない道で X へ矢線の入る道がある．さらに，W が 2) も満たさないならば，W と Y の間に X も Z も経由しない道で Y へ矢線の入る道がある．よって，この 2 つの道を結んだ道は，X と Y を結び，X と Y にそれぞれ矢線の入る道で，かつ，Z を経由しない道になる．これはバックドア基準の 2) に反する．よって，1) と 2) のいずれかは成り立つ．

ところで，

$$Z \to X \to Y$$

という簡単な構造を考えたとき，共変量 Z は反応 Y への有向道をもち，処理変数 X と相関をもち，さらに X の子孫でないという 3 点より，まさに交絡因子の要件を満たすように思える．しかし，この場合に X から Y への介入効果を定義にそって求めれば，$f(y \mid set(X = x)) = f_{Y \cdot X}(y \mid x)$ となる．よって，Z を観測しそれによって層別するという作業は不要である．つまり，この Z は交絡因子でない．その理由はどこにあるかというと，Z から Y への有向道に処理変数 X が介在していることである．この点からすると，交絡因子の要件 1) は

1) <u>交絡因子は処理変数が介在しない有向道で反応に影響するものでなければならない．</u>

と記述することがより適切である．このような表現は変数の分類に加えてグラフ用語によってはじめて可能になる．

以上のことを考慮して，図 5.3(b) で Z から Y への矢線を抜いた場合を考えてみよう．その場合，Z は交絡因子でなくなる．よって，Z による層別自体は本来不要である．このときの交絡因子は W である．W による層別ができればそれでよい．しかし，それよりも Z による層別のほうが楽なときにはそれでもよいことをバックドア基準は主張している．この意味において，バックドア基準は冒頭に述べた交絡因子の古典的基準にプラスアルファしている．

5.2.3 強い意味での無視可能性との関係

2.3節で述べた「強い意味での無視可能性」との関係を論じよう．簡単に復習すると，2つの処理条件があって（一般には何水準でもよい），そこでの潜在反応を表す確率変数を (Y_1, Y_2) とし，割り付けを示す確率変数を W，共変量を Z としたとき，処理割り付け W が Z を与えたときに強い意味で無視可能とは

$$(Y_1, Y_2) \perp\!\!\!\perp W \mid Z$$

が成り立つことであった．

しかし，(Y_1, Y_2) はどちらか一方しか観測できない量であるため，上式をデータから確認することはできないところに泣き所があった．

いま，割り付けが強い意味で無視可能という状況を無理やり因果ダイアグラムで表現すると，たとえば図5.4(a)のようになると考えられる．

(a) 強い意味で無視可能　　　　(b) Zがバックドア基準を満たす

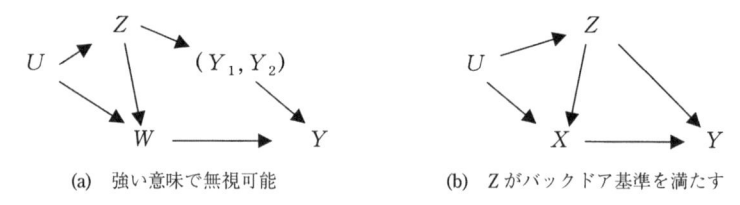

図5.4　強い意味で無視可能とバックドア基準の関係

図5.4(a)では，潜在的反応 (Y_1, Y_2) と割り付け W が決まると，観測される反応 Y が決まるということを表し，この因果ダイアグラムで $(Y_1, Y_2) \perp\!\!\!\perp W \mid Z$ が成り立っている．一方，これに対応する因果ダイアグラムを，潜在変数を使わず，割り付け変数 W の代わりに処理変数 X で表現したのが図5.4(b)である．このとき，Z が (X, Y) に対してバックドア基準を満たしている．

厳密な証明は省略するけれども，処理割り付け W が Z を与えたときに強い意味で無視可能であることと，Z が (X, Y) に対してバックドア基準を満たすことは等価であることが知られている．つまり，チェックしようがなかった無視可能性は，因果ダイアグラムを作成すれば（もちろんそれが正しいことを仮定するのであるが）検討可能になった．これもバックドア基準の貢献である．

5.2.4 オッズ比の併合可能条件との関係

バックドア基準による識別可能性は定義 5.2 で定めた介入効果に強く依存している．1.2 節で分割表による要因分析で使われる**オッズ比**を紹介した．そして，共変量 Z で層別したときの X と Y でのオッズ比と，それらを併合したときのオッズ比が食い違う現象を**ユール・シンプソンのパラドックス**として示した．

Simpson(1951) は，併合前の共通オッズ比が併合後のオッズ比と等しくなる十分条件として

$$Y \perp\!\!\!\perp Z \mid X \quad \text{あるいは} \quad X \perp\!\!\!\perp Z \mid Y \tag{5.18}$$

を与えた．Bishop et al.(1975) はこれがオッズ比の併合可能性に対する必要十分条件であると記述したが，それが誤りであることを Whittermore(1978) が指摘した．(5.18) 式は層の数（Z の水準数）が $K = 2$ のときには必要十分条件であるが，$K \geq 3$ では十分条件であって必要条件でない．ただし，Whittermore が与えた正しい必要十分条件は実務において使いやすいものでなく，(5.18) 式の利用価値は今日でも高い．さて，Z が共変量で X が処理，Y が反応という順序関係を考えると，(5.18) 式で意味のあるのは $Y \perp\!\!\!\perp Z \mid X$ である．対応する因果ダイアグラムは

$$Z \to X \to Y$$

である．このパターンで Z が交絡因子でないことは 5.2.2 項に述べた通りである．

さて，共変量が複数ある場合の併合可能条件はどうなるであろうか．共変量として Z と W を考えたとき，Z と W で層別したときのオッズ比と，Z のみで層別したときのオッズ比が等しくなる十分条件は，(5.18) 式のアナロジーで

$$Y \perp\!\!\!\perp W \mid (X, Z)$$

である．これは，5.2.2 項で論じたバックドア基準のもとで成り立ちうる性質の 2) である．

バックドア基準が成立しても，常に $Y \perp\!\!\!\perp W \mid (X, Z)$ が成り立つわけでなく，そうでない場合は $X \perp\!\!\!\perp W \mid Z$ が成り立つ．その場合は，バックドア基準が成

り立っていてもオッズ比という測度については併合可能でない．つまり，Z と W で層別したときのオッズ比に意味があると考えられるならば，Z とともに W を観測する必要がある．

しかし，次のことがいえる．一般の分割表解析では，併合前と併合後でオッズ比の値が完全に同じというのは厳しい要求である．一方で，(1.1)，(1.2) 式で表されるユール・シンプソンのパラドックスは極めてミスリーディングな結論を導くので絶対に避けたい．3元分割表で，このパラドックスを避ける十分条件は既に十分に調べられており

$$X \perp\!\!\!\perp Z \quad \text{あるいは} \quad Y \perp\!\!\!\perp Z \qquad (5.19)$$

であればパラドックスは生じない (Good and Mital(1987))．$X \perp\!\!\!\perp Z$ は，各処理を割り付ける割合を層間で等しくすることを意味し，**予見研究**での重要な指針である．一方，$Y \perp\!\!\!\perp Z$ は，反応結果の割合が層間で等しいことを意味し，**回顧研究**の設計に有用である．さて，共変量が2つある4元分割表で，Z と W で層別したときのオッズ比と，Z のみで層別したときのオッズ比の間でパラドックスが起きない十分条件として，(5.19) 式のアナロジーで

$$X \perp\!\!\!\perp W \mid Z$$

がある (宮川 (1999))．これはバックドア基準のときに成り立ちうる性質の1) である．つまり，バックドア基準が成立していれば，ユール・シンプソンのパラドックスは生じない．

5.3 フロントドア基準

5.3.1 古典的アイデア：媒介変数法

交絡因子の存在が示唆されるものの，その観測が難しいという状況は，観察研究における因果推論の困難さの象徴といえる．図5.5(a) を見てほしい．ここで U は明らかな交絡因子で，これを観測できれば U はバックドア基準を満たすのであるが，これが観測不能とする．議論を具体化させるため，この状況を線形構造方程式で記述すると

5.3 フロントドア基準

$$X = \alpha_{xu}U + \varepsilon_x$$
$$Y = \alpha_{yx}X + \alpha_{yu}U + \varepsilon_y \quad (5.20)$$

である．各変数は平均 0，分散 1 に基準化されているとする．観測可能な Y と X の相関係数は $\rho_{xy} = \alpha_{yx} + \alpha_{xu}\alpha_{yu}$ であるから，それだけでは興味あるパス係数 α_{yx} の適切な推定はできない．

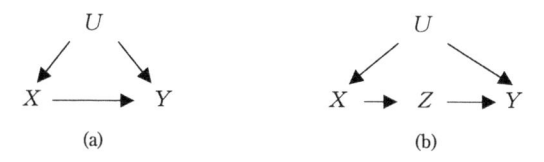

図 5.5 媒介変数法の考え方

そこで考えられた方法のひとつは，図 5.5(b) に示すような中間特性 Z を観測することである．このときのポイントは，U から Z への矢線がないことである（U は観測できないので，これをデータから検証することはできない）．もし，そういう都合のよい Z が観測されたとすると，線形構造方程式は

$$\begin{aligned} X &= \alpha_{xu}U + \varepsilon_x \\ Z &= \alpha_{zx}X + \varepsilon_z \\ Y &= \alpha_{yz}Z + \alpha_{yu}U + \varepsilon_y \end{aligned} \quad (5.21)$$

である．ここで，(5.21) 式の第 3 式の両辺に X をかけて期待値をとると

$$\rho_{xy} = \alpha_{yz}\rho_{xz} + \alpha_{yu}\rho_{xu}$$

となり，(5.21) 式の第 3 式の両辺に Z をかけて期待値をとると

$$\rho_{yz} = \alpha_{yz} + \alpha_{yu}\rho_{zu}$$

となる．ここで，$U \perp\!\!\!\perp Z \mid X$ であることより，$\rho_{zu} = \rho_{xu}\rho_{xz}$ であることに注意すれば，この 2 つの式を連立させて解くことで

$$\alpha_{yz} = \frac{\rho_{yz} - \rho_{xy}\rho_{xz}}{1 - \rho_{xz}^2} \quad (5.22)$$

を得る．一方，(5.21) 式の第 2 式の両辺に X をかけて期待値をとれば

$$\rho_{xz} = \alpha_{zx} \tag{5.23}$$

である．よって，興味ある X から Y への総合効果は (5.22) 式と (5.23) 式の積だから，X と Y および Z を観測すれば，交絡因子 U を観測せずとも，その総合効果は識別可能である．このような性質をもつ中間特性は**媒介変数**と呼ばれ，これを利用した総合効果の推定法は**媒介変数法**と呼ばれる．

5.3.2　定義と識別可能性

　この媒介変数法を一般化するものとして，**フロントドア基準**とそれによる介入効果の識別可能性が Pearl(1995) によって与えられた．フロントドア基準を正確に記述するために，2 つのグラフ用語を追加導入する．

　まず，非巡回的有向グラフにおいて，ある道と変数集合 S において
1) その道上の合流点で，その合流点とその子孫が S に含まれないものがある．
2) その道上の非合流点で，S に含まれるものがある．

のいずれかを満足するとき，S はその道を**ブロック**するという．このブロックという概念は定義 4.3 に与えた**有向分離**と密接に関連している．違いは，有向分離が頂点対に関する性質であるのに対して，ブロックは道に関する性質であることである．ある頂点対を結ぶすべての道を S がブロックすれば，定義 4.3 より，S はその頂点対を有向分離している．次に，2 つの頂点 α と β を結ぶ道で，α へ矢線が入る道を α から β への**バックドアパス**という．

【定義 5.4】フロントドア基準

　因果ダイアグラム G において，X から Y へ有向道があるとする．このとき，次の 3 つの条件を満たす頂点集合 S は，(X,Y) について**フロントドア基準**を満たすという．
1) X から Y への任意の有向道の途中に S の要素がある．
2) X から任意の S の要素へのバックドアパスは空集合によってブロックされる．
3) S の要素から Y へのすべてのバックドアパスを X がブロックする．　□

　バックドア基準を満たす頂点集合は常に存在したが，フロントドア基準の場合はそうはいかない．まずは，前項で述べた媒介変数 (図 5.5(b) の Z) がこの

3条件を満たすことを確認してほしい.

【定理5.3】 フロントドア基準を満たすときの介入効果の表現

因果ダイアグラム G において，頂点集合 S が (X,Y) についてフロントドア基準を満たすならば，X の Y への介入効果は $A = \{X,Y\} \cup S$ において識別可能であり，$S = \{Z_1, Z_2, \cdots, Z_r\}$ と記したとき，介入効果は

$$f(y|\,set(X=x)) = \int_{z_1} \cdots \int_{z_r} f_{Z \cdot X}(z_1, \cdots, z_r|x) \int_{x'} f_{Y \cdot XZ}(y|x', z_1, \cdots, z_r)$$
$$\times f_X(x')\, dx'\, dz_1 \cdots dz_r \qquad (5.24)$$

で与えられる. □

(5.24)式で，x は介入により X を固定した値で，x' は積分の引数である.

(定理5.3の証明)

この場合も Z が単一変数として証明する．全確率の公式より

$$f(y|\,set(X=x)) = \int f(y|\,set(X=x), z) f(z|\,set(X=x))\, dz$$

である．フロントドア基準の2)より，X から Z への関係において交絡因子がないので，$f(z|\,set(X=x)) = f_{Z \cdot X}(z|x)$ である．次に，フロントドア基準の3)より，因果ダイアグラム G より Z から出る矢線を除いたグラフで X が Y と Z を有向分離しているので，定理5.1の2)を少し拡張して

$$f(y|\,set(X=x), z) = f(y|\,set(X=x), set(Z=z))$$

を得る．右辺は X と Z への**同時介入効果**と呼ばれるもので，厳密な定義は7.3節で行っている．また，Z は X と Y の間にあるから，定理5.1の1)より

$$f(y|\,set(X=x), set(Z=z)) = f(y|\,set(Z=z))$$

である．このとき，Z の Y への介入効果の識別において，フロントドア基準の3)より，X がバックドア基準を満たしているので，それは定理5.2より

$$f(y|\,set(Z=z)) = \int f_X(x) f_{Y \cdot XZ}(y|x, z)\, dx$$

の形で表現できる．これらを冒頭の式に入れれば題意を得る． □

5.3.3 フロントドア基準の解釈

フロントドア基準の第1と第2の条件は，XとYの間に介在する中間特性が**媒介変数**であることをいっている．XからYへ複数の有向道があるときには，それぞれの道での中間特性がSに含まれていなければならない．

第2の条件は，XからSの要素Zへの介入効果を識別する際，交絡因子がないことをいっている．よって，定理5.1の2) より $f(z|set(X=x)) = f_{Z \cdot X}(z|x)$ である．これは (5.23) 式の一般化である．

第3の条件も，Sが単一変数Zからなる場合で考えるとわかりやすい．これは，Zに介入したときのYへの介入効果を識別しようとしたとき，Xがそのときのバックドア基準を満たす共変量になっていることを意味する．よって，ZのYへの介入効果は識別可能で定理5.2の形で表現される．

XのZへの介入効果とZのYへの介入効果の積を，Xに介入したときのZの分布で平均化したものが (5.24) 式と解釈できる．

5.4 操作変数法と条件付き操作変数法

5.4.1 操 作 変 数 法

図5.5(a) の状況を克服する別な方法として**操作変数法**[*]がある．これは計量経済学などの分野で相当以前から用いられてきた方法である．まとまったテキストとして Bowden and Turkington(1984) がある．以下では，5.3.1項と同様に，線形構造方程式モデルを想定する．操作変数法とは，図5.6に示すような変数Zを観測するもので，このZは**操作変数**と呼ばれる．

5.3.1項に述べた**媒介変数**が
 1) 観測されない変数Uから矢線がない．
 2) XからYへの有向道の途中に媒介する．
という性質を満たすものであったのに対して，**操作変数**は
 1) 観測されない変数Uとは独立である．
 2) Xへの有向道がある．
の2条件を満たすものである．

図5.6に対応する線形構造方程式モデルは

5.4 操作変数法と条件付き操作変数法

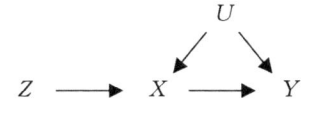

図 5.6 操作変数法の考え方

$$X = \alpha_{xu}U + \alpha_{xz}Z + \varepsilon_x \\ Y = \alpha_{yx}X + \alpha_{yu}U + \varepsilon_y \tag{5.25}$$

である.推定対象は X から Y へのパス係数 α_{yx} である.(5.25) 式の第 2 式の両辺に Z をかけて期待値をとれば,誤差項以外の各変数が平均 0,分散 1 に基準化されているとして,Z と U が独立であることより $\rho_{yz} = \alpha_{yx}\rho_{xz}$ となる.これより,X と Y に加えて,上記の条件を満たす Z を観測することで,パス係数 α_{yx} は

$$\alpha_{yx} = \frac{\rho_{yz}}{\rho_{xz}} \tag{5.26}$$

と表現されるので識別可能になる.

操作変数とは,その名の通り,Y へ作用する観測不能な変数とは独立に X を操作し,それにより U を介さない効果を知ろうとするものであり,その意味では X へ介入することに他ならない.なお,操作変数の条件 1) を一般の因果ダイアグラムで正確にいうと

1) 途中に X のない Y への有向道をもつすべての変数と独立である.

となる.2) は上述の通りでよい.この 2 条件を満たせば,一般の因果ダイアグラムで (5.26) 式の関係が成り立つ.

＊) 操作変数法の一般的導出

線形回帰モデル

$$\boldsymbol{y} = X\boldsymbol{\beta} + \boldsymbol{u}$$

を考える.ここで説明変数 X も観測変量の実現値であるという観察研究の場面を想定する.そして,X と誤差項 $\boldsymbol{u}$ に相関があるとする.上式に形式的に左から X^T をかけると

$$X^T\boldsymbol{y} = X^T X\boldsymbol{\beta} + X^T\boldsymbol{u}$$

を得る．ここで標本数を n としたとき，$(1/n)X^T\boldsymbol{u}$ が $n \to \infty$ で 0 に確率収束しないときには，通常の最小 2 乗推定量

$$\hat{\boldsymbol{\beta}} = (X^T X)^{-1} X^T \boldsymbol{y}$$

は $\boldsymbol{\beta}$ の一致推定量にならない．しかし，X と同じ次数の行列 Z で，$(1/n)Z^T\boldsymbol{u}$ が 0 に確率収束し X と直交しないという都合のよい Z があれば，その Z^T を冒頭の式に左からかけることで

$$Z^T \boldsymbol{y} = Z^T X \boldsymbol{\beta} + Z^T \boldsymbol{u}$$

となるので，これより

$$\tilde{\boldsymbol{\beta}} = (Z^T X)^{-1} Z^T \boldsymbol{y}$$

という推定量は一致推定量になる．この方法を操作変数法，Z を操作変数と呼ぶ．

5.4.2 条件付き操作変数法

操作変数の条件 1) はやや厳しいものといえる．この条件を少しだけ緩和した方法が Brito and Pearl(2002) によって提案された．図 5.7 の状況を見てほしい．

図 5.7 で，U も W も観測しないとすると，Z は W と独立でなく，W は途中に X のない Y への直接の矢線をもつので，Z は操作変数の条件 1) を満たさない．しかし，W を観測し，これを条件付きにすることで，もうひとつの交絡因子 U を観測せずともパス係数 α_{yx} が識別可能になる．

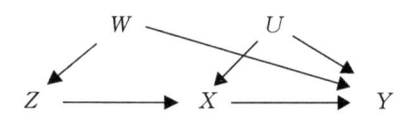

図 5.7 条件付き操作変数法の考え方

結論からいうと，このような場合は

$$\alpha_{yx} = \frac{\sigma_{yz \cdot w}}{\sigma_{xz \cdot w}} \qquad (5.27)$$

という式が成り立つ.ここに,$\sigma_{yz\cdot w}$ は W を与えたときの Y と Z の条件付き共分散で,$\sigma_{xz\cdot w}$ は W を与えたときの X と Z の条件付き共分散である.すべての変数を平均 0,分散 1 に基準化してあっても,条件付き共分散は偏相関係数と異なることに注意する.(3.13) 式でいえば,基準化しているときの条件付き共分散は (3.13) 式の分子である.

図 5.7 のようなとき,Z は W を与えたときに**条件付き操作変数**であるという.その条件を一般的に述べると

1) W は Y の子孫でない.
2) 因果ダイアグラム G より X から Y への矢線を除いたグラフで,W が Z と Y を有向分離する.
3) 因果ダイアグラム G より X から Y への矢線を除いたグラフで,W は Z と X を有向分離しない.

の 3 条件となる.図 5.7 で W と Z のペアがこの条件を満たしていることを確認されたい.また,W が空集合の場合には,(5.27) 式は (5.26) 式に帰着するので,条件付き操作変数法は操作変数法を拡張したものといえる.

なお,条件付き操作変数法では,X と Y に加えて Z と W を観測するのであるから,$\{Z, W\}$ が (X, Y) についてバックドア基準を満たしていれば,α_{yx} が識別可能になるのは自明となる.実際,そうなってしまう例もあるが,図 5.7 ではそうではない.交絡因子 U の存在によりバックドア基準を満たさない.この点で,条件付き操作変数はバックドア基準とは異なる基準といえる.

6

回帰モデルによる因果推論

6.1 回帰係数と直接効果・総合効果との関係

6.1.1 回帰モデルと線形構造方程式モデル

　この章では線形構造方程式モデルを取り上げる．線形構造方程式モデルを図的表現したパスダイアグラム（因果ダイアグラムの特別な場合）が，変数間の定性的因果関係を正しく表現しているとき，観察研究で採取された統計データより，因果的効果の定量的測度であるパス係数を推定できる可能性がある．そのための方法のひとつは回帰分析である．

　このとき，線形回帰モデルの母数である偏回帰係数は，第3章に述べたように，観測変数の同時分布の分散共分散行列によって表現される統計的関連性を示す尺度である．したがって，相関関係の程度を表す偏回帰係数が，因果関係の強さを表すパス係数に一致するための十分条件を明らかにする必要がある．

　ひとつの自明な十分条件は「ある変数を目的変数にとり，その変数の親のすべてを説明変数にした回帰モデルでの偏回帰係数は，対応するパス係数に等しい」である．

　たびたび取り上げている線形構造方程式モデル (3.2) 式

$$X_2 = \alpha_{21} X_1 + \varepsilon_2$$
$$X_3 = \alpha_{32} X_2 + \varepsilon_3$$
$$X_4 = \alpha_{41} X_1 + \alpha_{42} X_2 + \alpha_{43} X_3 + \varepsilon_4$$

を例にする．X_1, X_2, X_3, X_4 がそれぞれ平均 0 に基準化されているとき

$$X_2 = \beta_{21}x_1 + \varepsilon_{2\cdot 1}$$
$$X_3 = \beta_{32}x_2 + \varepsilon_{3\cdot 2} \quad (6.1)$$
$$X_4 = \beta_{41\cdot 23}x_1 + \beta_{42\cdot 13}x_2 + \beta_{43\cdot 12}x_3 + \varepsilon_{4\cdot 123}$$

という 3 つの連立回帰モデルを想定し,(3.2) 式で生成される (X_1, X_2, X_3, X_4) の同時分布からの無作為標本を観察すれば,回帰モデルの偏回帰係数を通してパス係数を偏りなく推定することができる.これは,回帰モデルでの偏回帰係数の統計的意味「他の説明変数を固定したときに,当該説明変数が 1 単位変化したことに伴う目的変数の期待値の変化量」が,上述の同時分布のもとで,因果的効果を表すパス係数に一致するからである.

ここで,第 3 章にも述べた (6.1) 式での表記法を確認しておく.回帰モデルというのは,条件付き分布の表現形であるから,右辺の説明変数は所与の値という意味で小文字にしている.誤差項は確率変数で,慣例により ε で表記するが,添字が条件付き分布に対応している.そして重要なのが**偏回帰係数の添字**であり,偏回帰係数が説明変数に固有でなく,他に含まれている説明変数に依存することを明確にした表記を採用している.

また,3.3 節で,条件付き分布の記述という意味において,観察研究での回帰モデルには真のモデルとか偽のモデルという概念はあてはまらないと述べた.しかし,背後に線形構造方程式モデルを想定し,その母数であるパス係数を推定したいという明確な目的があるとき,観察研究においても**適切な回帰モデル**という概念が存在しうる.しかし,次項から述べるように,適切な回帰モデルは一意でない.これが実験研究での真の回帰モデルとの本質的違いである.

6.1.2 偏回帰係数とパス係数 (直接効果) との関係

パスダイアグラムを作成するときのおおまかな流れは次のようであろう.まず,興味ある反応変数と処理変数を明確にするとともに,観測可能な共変量と中間特性を列挙する.さらに,観測するのは難しい変数であっても,交絡因子として作用する可能性のあるものを追加していく.このようにリストアップされた変数の先行関係を考察しながら矢線でつないでいく.こうしてできたパスダイアグラムには必ず観測の難しい変数が入っている.よって,前項で述べた

自明な十分条件「ある変数を目的変数にとり，その変数の親のすべてを説明変数にした回帰モデルを設定する」というのは，現実には厳しい条件である．

幸いにして，ある特定のパス係数に興味がある場合には，親のすべてを説明変数にする必要はない．また，親以外の変数については説明変数に加えてよいものといけないものがある．この条件をグラフ用語で与えたものがPearl(1998)の**単一結合基準**である．

【定義6.1】単一結合基準
因果ダイアグラム G において，X から Y への矢線があるとする．このとき，次の2条件を満たす頂点集合 S は (X,Y) に対して**単一結合基準**を満たすという．
1) Y から S の任意の要素へ有向道がない．
2) 因果ダイアグラム G より X から Y への矢線を除いたグラフにおいて，S は X と Y を有向分離する． □

この単一結合基準は，一般の因果ダイアグラムで定義されるが，この章では線形構造方程式モデルと対応するパスダイアグラムを想定する．

【定理6.1】偏回帰係数とパス係数との一致条件
非巡回的有向グラフであるパスダイアグラム G において，X から Y への矢線があるとする．G において頂点集合 S が (X,Y) に対して**単一結合基準**を満たすならば，Y を目的変数，X と集合 S に含まれるすべての変数を説明変数にした回帰モデルでの X の偏回帰係数 $\beta_{yx \cdot S}$ は，X から Y へのパス係数 α_{yx}，すなわち直接効果と等しい． □

ここで，単一結合基準の主張を確認しよう．条件1) は目的変数の子孫を説明変数にしてはいけないことをいっている．目的変数 Y が反応変数のときには，Y の子孫を説明変数に加える行為は考えにくいので，ほぼ自明な条件と思われるが，中間特性への直接効果を推測するときには注意すべき指針である．条件2) は例で見たほうがわかりやすいだろう．

【例6.1】図6.1に示すパスダイアグラムを考える．ここで，X から Y への矢線を抜いたグラフにおいて，$\{Z_1, Z_2\}$ が (X,Y) を有向分離している．つまり，X と Y を結ぶ道で途中に合流点のない道のすべてを $\{Z_1, Z_2\}$ が遮断して

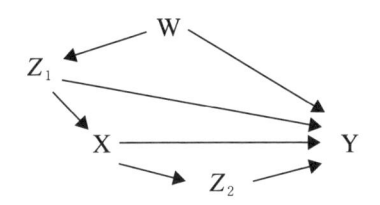

6.1 回帰係数と直接効果・総合効果との関係

図 6.1 単一結合基準を説明するグラフ

いる．

これより，3.2 節で示した相関の分解でいえば，X と Y の間の相関のうちの間接効果と擬似相関は $\{Z_1, Z_2\}$ を固定することでなくなり，残る成分は直接効果のみとなる．よって回帰モデル

$$Y = \beta_{yx \cdot z_1 z_2} x + \beta_{yz_1 \cdot xz_2} z_1 + \beta_{yz_2 \cdot xz_1} z_2 + \varepsilon_{y \cdot xz_1 z_2} \tag{6.2}$$

における偏回帰係数 $\beta_{yx \cdot z_1 z_2}$ はパス係数 α_{yx} に一致する．この (6.2) 式において，Y の親である W が説明変数に入っていないことに注意する．　□

6.1.3　偏回帰係数と総合効果との関係

3.2 節で述べたように，処理変数にとって主たる関心事は直接効果よりも総合効果である．前項に述べた結果より，総合効果を構成するパス係数のすべてが正しく識別できれば，もちろんそれらを積み上げることで総合効果は識別される．しかし，できれば一発で決めたい．すなわち，回帰モデルにおける偏回帰係数と総合効果が一致する条件が知りたい．実は，その条件が 5.2 節で導入したバックドア基準なのである．次の定理も Pearl(1998) によって与えられた．

【定理 6.2】偏回帰係数と総合効果の一致条件

非巡回的有向グラフであるパスダイアグラム G において，X から Y への有向道があるとする．G において頂点集合 S が (X, Y) に対してバックドア基準を満たすならば，Y を目的変数，X と集合 S に含まれるすべての変数を説明変数にした回帰モデルでの X の偏回帰係数 $\beta_{yx \cdot S}$ は，X から Y への総合効果と等しい．　□

この定理の内容を世に知らしめることが,まさに本書を執筆する最大のモチベーションであった.実際,第1章で導入したBoxの指摘「回帰分析のabuse」に対する今日的回答はこの定理6.2である.つまり,回帰分析のabuseを避ける最も有効な手段はパスダイアグラムの作成とバックドア基準の適用にある.定理6.2の条件が満たされるとき,回帰モデルの偏回帰係数は,「当該説明変数が1単位変化したとき」から「当該説明変数を1単位変化させたとき」の目的変数の平均の変化量を意味することになる.

【例6.2】先ほどの図6.1で考えよう.バックドア基準の第1の条件

1) X から S の任意の要素へ有向道がない.

は,目的変数 Y の子孫だけでなく,X から影響を受ける中間特性も説明変数に加えてはならないことをいっている.これは1.3.1項や5.2.2項で論じたことである.よって,図6.1で X から Y への総合効果に興味があるときには,Z_2 を説明変数に加えてはいけない(直接効果を推定するときには逆に加えなければいけなかったことに注意する).

一方,第2の条件

2) 因果ダイアグラム G より X から出る矢線を除いたグラフにおいて,S が X と Y を有向分離する.

では,単一結合基準の2)と違って,X から Y への矢線だけを除くのでなく,X から出る矢線をすべて除いた状況を設定している.そこでは,X から中間特性を介して Y へつながる有向道はなくなり,X から Y へのバックドアパスだけが対象となる.図6.1では,$\{Z_1\}$ と $\{Z_1, W\}$ が S の要件を満たす.よってたとえば,$\{Z_1\}$ を S として採用した

$$Y = \beta_{yx \cdot z_1} x + \beta_{yz_1 \cdot x} z_1 + \varepsilon_{y \cdot xz_1} \tag{6.3}$$

という回帰モデルでの偏回帰係数 $\beta_{yx \cdot z_1}$ は総合効果 $\alpha_{yx} + \alpha_{z_2 x} \alpha_{yz_2}$ に等しい.
□

ところで,定義5.2で与えられた介入効果は確率密度関数として記述されるものであり,その分布の平均は

$$E[Y | set(X = x)] = \int y \, f(y | set(X = x)) \, dy \tag{6.4}$$

である．これを平均への介入効果と定義する．すると，5.1.4 項で見たように，線形構造方程式モデルにおいては

$$E[Y|set(X=x)] = (総合効果) \times x \qquad (6.5)$$

となる．すなわち，バックドア基準は介入効果を識別するための十分条件であるから，線形構造方程式においては，この基準を満たす共変量を観測し回帰モデルの説明変数に取り入れることが，総合効果の識別につながる．

6.1.4 偏回帰係数の併合可能条件

バックドア基準の意味を回帰分析における偏回帰係数の併合可能条件から理解することができる．この項ではこれについて論じよう．

いま，ベクトル行列表現した回帰モデル

$$\boldsymbol{y} = X\boldsymbol{\beta}_{yx\cdot z} + Z\boldsymbol{\beta}_{yz\cdot x} + \boldsymbol{\varepsilon}_{y\cdot xz} \qquad (6.6)$$

が実験研究でいえば，実験のデザインを適切に記述した<u>真のモデル</u>であるとする．そして，興味ある母数は $\boldsymbol{\beta}_{yx\cdot z}$ であるとする．観察研究でいえば，(6.6) 式は，偏回帰係数ベクトル $\boldsymbol{\beta}_{yx\cdot z}$ の要素が興味ある因果的効果に一致する<u>適切なモデル</u>のひとつであるとする．また，(6.6) 式で X と Z の列ベクトルは一次独立であるとする．このとき，偏回帰係数ベクトルの最小 2 乗推定量は

$$\begin{pmatrix} \hat{\boldsymbol{\beta}}_{yx\cdot z} \\ \hat{\boldsymbol{\beta}}_{yz\cdot x} \end{pmatrix} = \begin{pmatrix} X^T X & X^T Z \\ Z^T X & Z^T Z \end{pmatrix}^{-1} \begin{pmatrix} X^T \boldsymbol{y} \\ Z^T \boldsymbol{y} \end{pmatrix} \qquad (6.7)$$

で与えられる．

一方，説明変数 Z が欠落したモデル

$$\boldsymbol{y} = X\boldsymbol{\beta}_{yx} + \boldsymbol{\varepsilon}_{y\cdot x} \qquad (6.8)$$

を想定したとき，このモデルでの偏回帰係数ベクトルの最小 2 乗推定量は

$$\hat{\boldsymbol{\beta}}_{yx} = (X^T X)^{-1} X^T \boldsymbol{y} \qquad (6.9)$$

となる．同一のデータセットに対して，これら2つの偏回帰係数ベクトルの推定量には

$$\hat{\boldsymbol{\beta}}_{yx} - \hat{\boldsymbol{\beta}}_{yx\cdot z} = (X^T X)^{-1} X^T Z \hat{\boldsymbol{\beta}}_{yz\cdot x} \tag{6.10}$$

の関係がある．よって

$$X^T Z = \mathbf{0} \quad \text{または} \quad \hat{\boldsymbol{\beta}}_{yz\cdot x} = \mathbf{0} \tag{6.11}$$

ならば，$\hat{\boldsymbol{\beta}}_{yx} = \hat{\boldsymbol{\beta}}_{yx\cdot z}$ となる．$(X^T X)^{-1} X^T Z \boldsymbol{\beta}_{yz\cdot x} = 0$ でないときには，(6.9) 式の推定量は偏りをもつ（同様の議論を 3.3.1 項でも行った）．偏回帰係数ベクトル $\boldsymbol{\beta}_{yx\cdot z}$ の推定において，(6.11) 式が成り立つとき，説明変数 Z は**併合可能**であるといい，(6.11) 式を**併合可能条件**という．ただし，(6.11) 式における第2の条件 $\hat{\boldsymbol{\beta}}_{yz\cdot x} = 0$ は，(6.8) 式が実質的に真のモデルであることを意味するから自明な条件である．本質的な併合可能条件は第1の条件：$X^T Z = 0$，すなわち，説明変数間の直交性である．このような議論は回帰分析のテキスト（たとえば，佐和 (1979)）にも記述されている．

ここからが本題で，説明変数としてさらに W が加わった場合を考える．真の回帰モデルが

$$\boldsymbol{y} = X\boldsymbol{\beta}_{yx\cdot zw} + Z\boldsymbol{\beta}_{yz\cdot xw} + W\boldsymbol{\beta}_{yw\cdot xz} + \boldsymbol{\varepsilon}_{y\cdot xzw} \tag{6.12}$$

であるとする．ここで，X, Z, W の列ベクトルは一次独立とする．このとき，W が欠落したモデル（これは (6.6) 式と同じである）

$$\boldsymbol{y} = X\boldsymbol{\beta}_{yx\cdot z} + Z\boldsymbol{\beta}_{yz\cdot x} + \boldsymbol{\varepsilon}_{y\cdot xz}$$

を想定したときに，興味ある偏回帰係数ベクトルの推定において，W が併合可能となる条件を調べてみよう．このときの併合可能条件は，宮川，黒木，小林 (2003) によって次のように与えられている．

【定理 6.3】偏回帰係数の併合可能条件

(6.12) 式の回帰モデルにおいて

$$X^T(I - Z(Z^TZ)^{-1}Z^T)W = 0 \quad \text{または} \quad \hat{\boldsymbol{\beta}}_{yw\cdot xz} = 0 \quad (6.13)$$

ならば，(6.12)式における $\boldsymbol{\beta}_{yx\cdot zw}$ の最小2乗推定量と，(6.6)式における $\boldsymbol{\beta}_{yx\cdot z}$ の最小2乗推定量とは等しくなる．ここに，I は単位行列である． □

(定理6.3の証明)

(6.12)式の回帰モデルに対する正規方程式の一部を取り出して行列表現すると

$$\begin{pmatrix} X^T \\ Z^T \end{pmatrix} \boldsymbol{y} = \begin{pmatrix} X^TX & X^TZ \\ Z^TX & Z^TZ \end{pmatrix} \begin{pmatrix} \boldsymbol{\beta}_{yx\cdot zw} \\ \boldsymbol{\beta}_{yz\cdot xw} \end{pmatrix} + \begin{pmatrix} X^TW \\ Z^TW \end{pmatrix} \boldsymbol{\beta}_{yw\cdot xz}$$

となる．一方，(6.6)式に対する正規方程式は(6.7)式のもとになる

$$\begin{pmatrix} X^T \\ Z^T \end{pmatrix} \boldsymbol{y} = \begin{pmatrix} X^TX & X^TZ \\ Z^TX & Z^TZ \end{pmatrix} \begin{pmatrix} \boldsymbol{\beta}_{yx\cdot z} \\ \boldsymbol{\beta}_{yz\cdot x} \end{pmatrix}$$

である．これらの解である $\hat{\boldsymbol{\beta}}_{yx\cdot zw}$ と $\hat{\boldsymbol{\beta}}_{yx\cdot z}$ が等しくなる条件を求めればよい．
ここで

$$\begin{pmatrix} X^TX & X^TZ \\ Z^TX & Z^TZ \end{pmatrix}^{-1} = \begin{pmatrix} A & B \\ B^T & D \end{pmatrix}$$

とおいたとき，分割された対称行列の逆行列に関する公式より

$$A = (X^TX - X^TZ(Z^TZ)^{-1}Z^TX)^{-1}$$
$$B = -AX^TZ(Z^TZ)^{-1}$$

であるから，$\hat{\boldsymbol{\beta}}_{yx\cdot zw} = \hat{\boldsymbol{\beta}}_{yx\cdot z}$ となる必要十分条件は

$$A(X^TW - X^TZ(Z^TZ)^{-1}Z^TW)\hat{\boldsymbol{\beta}}_{yw\cdot xz} = 0$$

である．仮定より X と Z の列ベクトルは一次独立なので，A は0行列でない．左辺の括弧の中を変形すれば題意を得る． □

(6.13)式の2番目の条件は，W が欠落した(6.6)式が実質的に真のモデルであることを意味するので自明な条件である．本質的条件は1番目の式である．

これは幾何学的には，X と W をそれぞれ Z で生成される部分空間に射影したときの残差が直交することを意味する．この点で，(6.13) 式は (6.11) 式の自然な拡張といえる．

ところで，5.2.2 項に述べたように，共変量 Z が (X, Y) についてバックドア基準を満たすとき，X の任意の非子孫 W について

1) $X \perp\!\!\!\perp W \mid Z$
2) $Y \perp\!\!\!\perp W \mid (X, Z)$

のいずれかは成り立つ．これらは分布での性質であるが，有限のデータにおいては，$X^T(I - Z(Z^T Z)^{-1} Z^T)W = 0$ は 1) に相当し，$\hat{\beta}_{yw \cdot xz} = 0$ は 2) に相当する．もともと (6.13) 式は，因果モデルとは全く関係のない回帰モデルでの性質である．このとき，<u>線形構造方程式モデルにおいてバックドア基準が成り立つと，対応する回帰モデルにおいては併合可能条件が成り立っている</u>ことがわかる．これもバックドア基準のひとつの解釈である．

6.2 推定精度を考慮した共変量選択

6.2.1 構造方程式モデルでの推定論

ここまでは，直接効果や総合効果を有限個の観測データから推定するときの推定精度については言及せず，もっぱら識別可能性の議論に終始した．この節では，線形構造方程式モデルで記述される因果的効果を回帰分析で推定する際の**推定精度**を明らかにし，バックドア基準あるいはフロントドア基準を満たす変数集合が一意でないときの**変数選択基準**を推定精度の観点から論じる．

まず準備として，通常の回帰モデルでの偏回帰係数の推定精度について確認する．単回帰モデル

$$Y = \beta_{y0 \cdot x} + \beta_{yx} x + \varepsilon_{y \cdot x}$$

を想定し，Y の実現値と対応する x について n 組のデータ $(y_i, x_i)(i = 1, 2, \cdots, n)$ を得たとき，回帰係数 β_{yx} の最小 2 乗推定量は

$$\hat{\beta}_{yx} = \frac{S_{xy}}{S_{xx}} \tag{6.14}$$

である．ここに S_{xx} は x の偏差平方和，S_{xy} は x と y との偏差積和である．こ

の最小2乗推定量の分散は，x を所与の定数として

$$Var(\hat{\beta}_{yx} \mid S_{xx}) = \frac{\sigma^2}{S_{xx}} \tag{6.15}$$

で与えられる．ここに，σ^2 は誤差項 $\varepsilon_{y\cdot x}$ の分散，すなわち x を与えたときの Y の条件付き分散である．

一方，構造方程式モデルでは目的変数 Y とともに説明変数 X も変量であるから，パス係数の推定に回帰モデルを使ったとき，(6.14) 式の分散には分子 S_{xy} の変動に加えて分母 S_{xx} の変動もかかわってくる．これは標本相関係数の分散を考える状況と同じである．

一般に，2つの確率変数 X と Y において，次の**分散に関する条件付き期待値の公式**が知られている (たとえば宮川 (1998), p.18)．

$$Var(Y) = E_X[Var(Y \mid X)] + Var_X(E[Y \mid X]) \tag{6.16}$$

これを利用すれば

$$Var(\hat{\beta}_{yx}) = E\left[Var(\hat{\beta}_{yx} \mid S_{xx})\right] + Var\left(E\left[\hat{\beta}_{yx} \mid S_{xx}\right]\right) \tag{6.17}$$

を得る．(Y, X) が2次元正規分布にしたがうという仮定のもとで，(6.17) 式右辺第1項は (6.15) 式の S_{xx} に対する期待値となり，第2項は最小2乗推定量の不偏性より 0 になる．このとき，S_{xx}/σ_{xx} は自由度 $n-1$ のカイ2乗分布にしたがう．ここに分母の σ_{xx} は X の分散である．確率変数 X が自由度 f のカイ2乗分布にしたがうとき，$1/X$ の期待値が $1/(f-2)$ であることより，(6.17) 式は

$$Var(\hat{\beta}_{yx}) = \frac{\sigma_{yy\cdot x}}{(n-3)\sigma_{xx}} \tag{6.18}$$

となる．ここで，分子の $\sigma_{yy\cdot x}$ は (6.15) 式の σ^2 を表記し直したもので，x を与えたときの Y の条件付き分散である．分母の σ_{xx} は X の分散である．

さて，本書で採用している中黒記号「・」を用いると，実は (6.14) 式と (6.18) 式は非常に汎用性のある式である．説明変数が x と z の重回帰モデル

$$Y = \beta_{y0\cdot xz} + \beta_{yx\cdot z}x + \beta_{yz\cdot x}z + \varepsilon_{y\cdot xz}$$

においても，偏回帰係数 $\beta_{yx\cdot z}$ の最小 2 乗推定量は

$$\hat{\beta}_{yx\cdot z} = \frac{S_{xy\cdot z}}{S_{xx\cdot z}} \tag{6.19}$$

と書ける．ここに，$S_{xx\cdot z}$ は z を与えたときの x の偏差平方和，$S_{xy\cdot z}$ は z を与えたときの x と y との偏差積和で，それぞれ

$$S_{xx\cdot z} = S_{xx} - (S_{xz})^2/S_{zz}$$
$$S_{xy\cdot z} = S_{xy} - S_{xz}S_{yz}/S_{zz}$$

で定義されるものである．これにより (6.19) 式の分散は (6.18) 式のアナロジーで

$$Var(\hat{\beta}_{yx\cdot z}) = \frac{\sigma_{yy\cdot xz}}{(n-4)\sigma_{xx\cdot z}} \tag{6.20}$$

と表現できる．これは説明変数が 3 つ以上の重回帰モデルに拡張でき，x 以外の説明変数 z をベクトル変数としたとき，偏回帰係数 $\beta_{yx\cdot z}$ の最小 2 乗推定量は (6.19) 式で表現され，その分散は

$$Var(\hat{\beta}_{yx\cdot z}) = \frac{\sigma_{yy\cdot xz}}{(n-q-3)\sigma_{xx\cdot z}} \tag{6.21}$$

となる．ここに q はベクトル変数 z の次元である．なお，定理 6.1 や定理 6.2 では，単一結合基準やバックドア基準を満たす変数集合を S と表記したが，この 6.2 節と次の 6.3 節では平方和と混同しないように，ベクトル変数 z と記す．

6.2.2　バックドア基準を満たす共変量の選択

図 6.2 に示す因果ダイアグラムを例に議論を進めよう．X から Y への総合効果 (この場合は直接効果に等しい) の識別において，Z_1 と Z_2 はいずれもバックドア基準を満たす．その結果として $\{Z_1, Z_2\}$ もバックドア基準を満たす．

さて，線形構造方程式モデルのもとで，有限個のデータより X から Y への総合効果を推定する上で，Z_1 と Z_2 のどちらを共変量として回帰モデルの説明変数に用いるべきか，あるいは両方とも用いるべきか，という問題を考える．

図 6.2(a),(b) に共通していることは，まず，Z_1 から X への矢線がないことである．これがあると Z_2 はバックドア基準を満たさない．よって，$X \perp\!\!\!\perp Z_1 \mid Z_2$

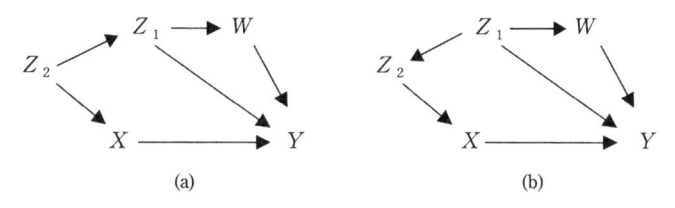

6.2 推定精度を考慮した共変量選択

図 6.2 複数の頂点集合がバックドア基準を満たす場合

である．もうひとつの特徴は，Z_2 から Y への矢線がないことである．これがあると Z_1 はバックドア基準を満たさない．よって，$Y \perp\!\!\!\perp Z_2 \mid (X, Z_1)$ である．これらの特徴をもつとき，宮川, 黒木 (1999) は

$$Var(\hat{\beta}_{yx \cdot z_1}) \leq Var(\hat{\beta}_{yx \cdot z_2}) \tag{6.22}$$

が成り立つことを示した．つまり，パス係数 α_{yx} の推定のための回帰モデルの説明変数に加える共変量としては，Z_1 のほうが Z_2 よりもよい．

((6.22) 式の証明)

すべての変数が平均 0，分散 1 に基準化されているとすると，(6.20) 式の分子は，回帰モデルの偏回帰係数と相関係数を用いて

$$\sigma_{yy \cdot xz} = 1 - \beta_{yx \cdot z}^2 - \beta_{yz \cdot x}^2 - 2\rho_{xz}\beta_{yx \cdot z}\beta_{yz \cdot x}$$

と表現できる．この式で Z に Z_1 と Z_2 をそれぞれ代入したときの比較をしたい．まず，$X \perp\!\!\!\perp Z_1 \mid Z_2$ なので，3.2.1 項に示した相関の乗法則

$$\rho_{xz_1} = \rho_{xz_2}\rho_{z_1 z_2}$$

が成り立つ．また，$Y \perp\!\!\!\perp Z_2 \mid (X, Z_1)$ であるから，偏相関の乗法則

$$\rho_{yz_2 \cdot x} = \rho_{z_1 z_2 \cdot x}\rho_{yz_1 \cdot x}$$

が成り立ち，偏回帰係数と偏相関係数の関係[*]より

$$\beta_{yz_2 \cdot x} = \beta_{z_1 z_2 \cdot x}\beta_{yz_1 \cdot x}$$

を導ける．ここで，$X \perp\!\!\!\perp Z_1 \mid Z_2$ より，$\beta_{z_1 z_2 \cdot x} = \beta_{z_1 z_2} = \rho_{z_1 z_2}$ であるから

$$\beta_{yz_2 \cdot x} = \rho_{z_1 z_2} \beta_{yz_1 \cdot x}$$

と書ける．これより，$\rho_{xz_1}\beta_{yz_1 \cdot x} = \rho_{xz_2}\beta_{yz_2 \cdot x}$ を得る．また定理 6.2 より $\beta_{yx \cdot z_1} = \beta_{yx \cdot z_2}$ である．よって $\sigma_{yy \cdot xz_1}$ と $\sigma_{yy \cdot xz_2}$ の大小関係は $\beta_{yz_1 \cdot x}^2$ と $\beta_{yz_2 \cdot x}^2$ の大小関係に帰着し，上式より $\beta_{yz_1 \cdot x}^2 \geq \beta_{yz_2 \cdot x}^2$ なので

$$\sigma_{yy \cdot xz_1} \leq \sigma_{yy \cdot xz_2}$$

を得る．一方，(6.20) 式の分母では相関の乗法則より $\rho_{xz_2}^2 \geq \rho_{xz_1}^2$ なので

$$\sigma_{xx \cdot z_1} \geq \sigma_{xx \cdot z_2}$$

である．よって題意を得る． □

*) 偏回帰係数と偏相関係数の関係

X, Y, Z の 3 つの量的変数において，Z を与えたときの X と Y の偏相関係数は，(3.13) 式に与えたように，単相関係数により

$$\rho_{xy \cdot z} = \frac{\rho_{xy} - \rho_{xz}\rho_{yz}}{\sqrt{(1-\rho_{xz}^2)}\sqrt{(1-\rho_{yz}^2)}}$$

と表現できる．一方，Y を目的変数，x と z を説明変数にした回帰モデルで，すべての変数が平均 0，分散 1 に基準化されていれば，x の偏回帰係数は単相関係数により

$$\beta_{yx \cdot z} = \frac{\rho_{xy} - \rho_{xz}\rho_{yz}}{1 - \rho_{xz}^2}$$

と表現できる．これより (標準) 偏回帰係数と偏相関係数には

$$\beta_{yx \cdot z} = \frac{\sqrt{(1-\rho_{yz}^2)}}{\sqrt{(1-\rho_{xz}^2)}} \rho_{xy \cdot z}$$

という関係があることがわかる． □

次に，Z_1 と Z_2 を合わせて共変量としたときを考えると，(6.21) 式の分子と分母に登場する条件付き分散において

$$\sigma_{yy \cdot xz_1} = \sigma_{yy \cdot xz_1 z_2}$$

$$\sigma_{xx \cdot z_2} = \sigma_{xx \cdot z_1 z_2}$$

の関係が成り立つ．これより，分散の大小関係が評価できる．

6.2 推定精度を考慮した共変量選択

以上の展開を少し一般的に定理の形でまとめると，次のようになる．

【定理 6.4】バックドア基準を満たす共変量の選択基準

因果ダイアグラム G において，X への矢線をもち，かつ途中に合流点のない X と Y の道の途中に Z_1 と Z_2 があり，それぞれ (X,Y) についてバックドア基準を満たすとする．このとき Z_2 が X と Z_1 を有向分離するならば，X から Y への総合効果の最小 2 乗推定量において

$$Var(\hat{\beta}_{yx \cdot z_1}) \leq Var(\hat{\beta}_{yx \cdot z_2}) \quad \text{かつ} \quad Var(\hat{\beta}_{yx \cdot z_1}) \leq Var(\hat{\beta}_{yx \cdot z_1 z_2}) \quad (6.23)$$

が成り立つ．さらに，$\sigma_{yy \cdot x z_2}/(n-4) \geq \sigma_{yy \cdot x z_1 z_2}/(n-5)$ であれば

$$Var(\hat{\beta}_{yx \cdot z_1 z_2}) \leq Var(\hat{\beta}_{yx \cdot z_2}) \quad (6.24)$$

が成り立つ．$n \to \infty$ では (6.24) 式は常に成り立つ． □

5.2.1 項に述べたように，バックドア基準を満たす変数集合は必ず存在し，X の親はそれを満たす自明な変数集合である．しかし，この定理 6.4 より，総合効果の推定精度という観点からすると，親は必ずしもよい共変量でないことがわかる．

6.2.3 フロントドア基準を満たす中間特性の選択

フロントドア基準を満たす場合にも同様な議論ができる．図 6.3 の因果ダイアグラムを例に議論しよう．

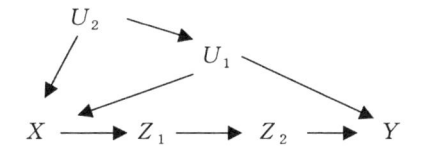

図 6.3 複数の頂点集合がフロントドア基準を満たす場合

図 6.3 では，$\{Z_1\}$，$\{Z_2\}$ および $\{Z_1, Z_2\}$ がいずれも (X, Y) についてフロントドア基準を満たす．よって，これらが X, Y とともに観測されていれば，X の Y への介入効果が識別可能である．以下では前項と同様に線形構造方程式モデルを想定する．

まず，中間特性 Z が単一変数のとき，5.3.1 項の媒介変数法で述べたように，形式的に Y を目的変数，x と z を説明変数にした回帰モデルでの z の偏回帰係数 $\beta_{yz\cdot x}$ と，Z を目的変数，x を説明変数にした回帰モデルでの x の単回帰係数 β_{zx} との積 $\beta_{yz\cdot x}\beta_{zx}$ が，X の Y への総合効果に一致する．

いま，大きさ n の標本を得たとき，それぞれの回帰係数の最小 2 乗推定量を求め，興味ある総合効果の推定量を

$$\hat{\beta}_{yz\cdot x}\hat{\beta}_{zx} = \frac{S_{yz\cdot x}}{S_{zz\cdot x}}\frac{S_{xz}}{S_{xx}} \qquad (6.25)$$

とする．この推定量の分散は Allison(1995) が求めており

$$Var(\hat{\beta}_{yz\cdot x}\hat{\beta}_{zx}) = \sigma_{yy\cdot xz}E\left[\frac{S_{xz}^2}{S_{xx}^2 S_{zz\cdot x}}\right] + \beta_{yz\cdot x}^2 \sigma_{zz\cdot x}E\left[\frac{1}{S_{xx}}\right]$$

である．このとき

$$\frac{S_{xz}^2}{S_{xx}^2 S_{zz\cdot x}} = \frac{1}{S_{xx\cdot z}} - \frac{1}{S_{xx}}$$

が成り立つ．そこで，X, Y, Z の同時分布に多次元正規分布を仮定すると，(6.18) 式を導いたときと同じように，カイ 2 乗変量での逆数の期待値公式を上式右辺の各項に適用することで

$$Var(\hat{\beta}_{yz\cdot x}\hat{\beta}_{zx}) = \left(\frac{1}{(n-4)\sigma_{xx\cdot z}} - \frac{1}{(n-3)\sigma_{xx}}\right)\sigma_{yy\cdot xz} + \frac{1}{n-3}\frac{\beta_{yz\cdot x}^2}{\sigma_{xx}}\sigma_{zz\cdot x}$$
$$(6.26)$$

が導かれる．よって，各変数の分散を 1 に基準化しておけば，標本数が十分大きいときの漸近分散は

$$A.Var(\hat{\beta}_{yz\cdot x}\hat{\beta}_{zx}) = \left(\frac{1}{n\sigma_{xx\cdot z}} - \frac{1}{n}\right)\sigma_{yy\cdot xz} + \frac{1}{n}\beta_{yz\cdot x}^2 \sigma_{zz\cdot x} \qquad (6.27)$$

である．

ここでは，この漸近分散をもとに中間特性の優劣比較を行う．このとき，次の定理が得られる (Kuroki(2000))．

【定理 6.5】フロントドア基準を満たす中間特性の選択基準

因果ダイアグラム G において Z_1 と Z_2 がそれぞれ (X,Y) についてフロントドア基準を満たすとする．このとき $\{X,Z_2\}$ が Z_1 と Y を有向分離するならば

$$A.Var(\hat{\beta}_{yz_1 \cdot x}\hat{\beta}_{z_1 x}) \leq A.Var(\hat{\beta}_{yz_2 \cdot x}\hat{\beta}_{z_2 x}) \tag{6.28}$$

であるための必要十分条件は，各変数の分散を 1 に基準化したとき，

$$\sigma_{xx \cdot z_1} \geq \frac{n-3}{2(n-4)} \tag{6.29}$$

が成り立つことである． □

このように，フロントドア基準を満たす複数の中間特性の優劣関係は，バックドア基準のときと異なり，グラフ上の構造だけでは決まらず，未知母数に依存してしまう．

なお，$\{Z_1, Z_2\}$ を用いたときの総合効果と，$\{Z_2\}$ を用いたときの総合効果は母数として一致するので，$\{Z_1, Z_2\}$ を用いたときとの比較は上の定理で尽されている．

6.3　分散への介入効果とその推定

6.3.1　分散への介入効果

本書の冒頭 1.1.2 項で，回帰分析に対する現場の期待として

1) 有意な説明変数を<u>調整した</u>(故意に変えた)ときの，目的変数の<u>平均への効果</u>を推定したい．
2) 有意な説明変数を<u>制御した</u>(故意に止めた)ときの，目的変数の<u>分散への効果</u>を推定したい．

の 2 点があることを主張した．1) に対する回答を 6.1 節で述べた．また，間接的な方法としては，5.3 節に述べた媒介変数法や 5.4 節に述べた操作変数法も有用である．

この節では，2) に対する回答を与える．既に，確率分布として定義される介入効果 (5.2) 式に対して，その平均を**平均への介入効果**と呼び，(6.4) 式で定義

した.これと同様に,確率分布として定義される介入効果の分散を定義し,これを**分散への介入効果**と呼ぼう.これは黒木,宮川 (1999a) による.

【定義 6.2】分散への介入効果
因果ダイアグラム G における 2 つの変数 X と Y に対して

$$Var(Y|set(X=x)) = \int (y - E[Y|set(X=x)])^2 f(y|set(X=x))\,dy \tag{6.30}$$

を X から Y の**分散への介入効果**という. □

この定義から明らかなように,介入効果が識別可能であれば,当然,分散への介入効果も識別可能である.

6.3.2 線形構造方程式モデルでの考察

ここでは線形構造方程式モデルのもとで,バックドア基準を満たす共変量が観測されているときに,分散への介入効果が具体的に回帰モデルの母数によってどのように表現されるかを明らかにする.

まず,単一変数 Z がバックドア基準を満たす場合を考えよう.このとき,既に 6.1 節に述べたように,回帰モデル

$$Y = \beta_{yx\cdot z} x + \beta_{yz\cdot x} z + \varepsilon_{y\cdot xz}$$

における x の偏回帰係数が X から Y への総合効果を表している.さて,ここで,X を故意に固定することは X への矢線を取り除くことに相当したから,Z の変動は X が介在しない道で Y との相関を生成する道 (すなわち,途中に合流点のない道) を経由して Y の変動を与える.そして,X でも Z でも説明できない誤差項 $\varepsilon_{y\cdot xz}$ の分散 $\sigma_{yy\cdot xz}$ もそのまま Y の変動につながる.よって,この場合,分散への介入効果は

$$Var(Y|set(X=x)) = \sigma_{yy\cdot xz} + \beta_{yz\cdot x}^2 \sigma_{zz} \tag{6.31}$$

となる.すべての変数の分散を 1 に基準化しておけば,上式で $\sigma_{zz} = 1$ である.
上の議論では直観的に (6.31) 式を導いた.今度は,(6.31) 式を (6.30) 式の定

義に基づき，きちんと求めてみる．まず，Z がバックドア基準を満たしているから $E[Y|set(X=x)] = \beta_{yx\cdot z}x$ である．また，介入効果 $f(y|set(X=x))$ は (5.5) 式で与えられるものになっている．これらを (6.30) 式に当てはめれば

$$Var(Y|set(X=x)) = \int (y - \beta_{yx\cdot z}x)^2 \int f_{Y\cdot XZ}(y|x,z) f_Z(z) dz\, dy$$

$$= \iint (y - \beta_{yx\cdot z}x - \beta_{yz\cdot x}z + \beta_{yz\cdot x}z)^2 f_{Y\cdot XZ}(y|x,z) f_Z(z)\, dz\, dy$$

となる．これを展開していくと

$$= \iint (y - \beta_{yx\cdot z}x - \beta_{yz\cdot x}z)^2 f_{Y\cdot XZ}(y|x,z)\, dy\, f_Z(z)\, dz$$
$$+ 2\iint (y - \beta_{y\cdot xz}x - \beta_{yz\cdot x}z)\beta_{yz\cdot x}z\, f_{Y\cdot XZ}(y|x,z) f_Z(z)\, dy\, dz$$
$$+ \iint \beta_{yz\cdot x}^2 z^2 f_{Y\cdot XZ}(y|x,z)\, dy\, f_Z(z)\, dz$$

を得る．ここで第 1 項は y による積分で $\sigma_{yy\cdot xz}$ が現れ，z の積分でそれがそのまま残る．第 2 項は $\varepsilon_{y\cdot xz}$ と Z の独立性より 0 となる．第 3 項は y の周辺積分後の z の積分で $\beta_{yz\cdot x}^2 \sigma_{zz}$ となる．よって (6.31) 式が導けた．

(6.31) 式の結果を一般化しておく．そのために若干の記号を定義する．観測する共変量ベクトルを $\boldsymbol{Z} = (Z_1, Z_2, \cdots, Z_r)^T$ で表し，$\boldsymbol{Z}$ の相関行列を Σ_{zz} とする．処理変数 X と $\boldsymbol{Z}$ との相関ベクトルを $\boldsymbol{\rho}_{xz} = (\rho_{xz_1}, \rho_{xz_2}, \cdots, \rho_{xz_r})^T$ とする．Y を説明変数にし，x と z を説明変数にした回帰モデルでの，z_1 の偏回帰係数を $\beta_{yz_1\cdot xz_2\cdots z_r}$ と記し，その他の z_i についても同様な表現をしたとき，これらを要素にする偏回帰係ベクトルを $\boldsymbol{\beta}_{yz\cdot x}$ とする．また，X と $\boldsymbol{Z}$ を与えたときの Y の条件付き分布での分散を $\sigma_{yy\cdot xz}$ とする．X と Y および $\boldsymbol{Z}$ の同時分布は多変量正規分布にしたがうとし，各変数は分散 1 に基準化されているとする．このとき，次の定理が成り立つ (黒木, 宮川 (1999a))．

【定理 6.6】線形構造方程式モデルでの分散への介入効果

因果ダイアグラム G において，変数集合 $\boldsymbol{Z}$ が (X, Y) についてバックドア基準を満たすとき，X から Y の分散への介入効果は

$$Var(Y|set(X=x)) = \sigma_{yy\cdot xz} + \boldsymbol{\beta}_{yz\cdot x}^T \Sigma_{zz} \boldsymbol{\beta}_{yz\cdot x} \qquad (6.32)$$

で与えられる. □

(6.32) 式が例示した (6.31) 式の一般化になっていることを確認されたい.

6.3.3　分散に関する不等式

分散に関する条件付き期待値の公式 (6.16) 式より，多変量正規分布では常に

$$Var(Y|x) \leq Var(Y)$$

が成り立つ．しかし，分散への介入効果については，$Var(Y|set(X=x)) \leq Var(Y)$ は必ずしも成り立たない．

まず，簡単な例で考察しよう．何度も使用している例で，交絡因子 Z が存在する基本形

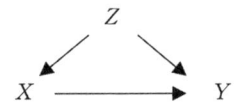

$$\begin{array}{c} Z \\ \swarrow \searrow \\ X \longrightarrow Y \end{array}$$

を考える．$\{Z\}$ は (X,Y) についてバックドア基準を満たす．このとき，上述の回帰モデル

$$Y = \beta_{yx \cdot z} x + \beta_{yz \cdot x} z + \varepsilon_{y \cdot xz}$$

において，Y の分散は回帰モデルの母数により

$$Var(Y) = \beta_{yx \cdot z}^2 \sigma_{xx} + \beta_{yz \cdot x}^2 \sigma_{zz} + 2\beta_{yx \cdot z}\beta_{yz \cdot x}\sigma_{xz} + \sigma_{yy \cdot xz}$$

と書けている．一方，(6.31) 式より，$Var(Y|set(X=x)) = \sigma_{yy \cdot xz} + \beta_{yz \cdot x}^2 \sigma_{zz}$ であるから，$Var(Y|set(X=x)) \leq Var(Y)$ となる必要十分条件は

$$0 \leq \beta_{yx \cdot z}^2 \sigma_{xx} + 2\beta_{yx \cdot z}\beta_{yz \cdot x}\sigma_{xz} \tag{6.33}$$

である．ここで偏回帰係数とパス係数の関係として

$$\beta_{yx \cdot z} = \alpha_{yx}$$
$$\beta_{yz \cdot x} = \alpha_{yz}$$

が成り立ち，相関係数とパス係数の間に

$$\rho_{xy} = \alpha_{yx} + \alpha_{xz}\alpha_{yz}$$
$$\rho_{xz} = \alpha_{xz}$$

の関係がある．そこで $\sigma_{xx} = \sigma_{zz} = 1$, $\sigma_{xz} = \rho_{xz}$ として (6.33) 式を変形すると

$$\rho_{xy}^2 - (\rho_{xz}\beta_{yz\cdot x})^2 = \alpha_{yx}^2 + 2\alpha_{yx}\alpha_{xz}\alpha_{yz} \geq 0 \tag{6.34}$$

を得る．

この (6.34) 式左辺が負値になるには，2番目の式の第2項が負値になることが必要条件となる．これは，X から Y への直接効果 α_{yx} と，X と Y の擬似相関 $\alpha_{xz}\alpha_{yz}$ が異符号になることである．言い換えれば，Z から Y への直接効果 α_{yz} と間接効果 $\alpha_{xz}\alpha_{yx}$ が異符号になることである．このような状況は，Z の値に応じて X の値を調整し $Z \to Y$ への直接効果と $Z \to X \to Y$ の間接効果が相殺している場合に発生する．ところが，ここでの介入は，5.1.2項に述べたように**無条件介入**であるため，この相殺効果が介入によって消えてしまい，結果として Y の分散が増加してしまうのである．

以上の考察より，平均への介入効果 $E[Y|set(X=x)]$ は，X から Y への直接効果と間接効果で記述されるのに対して，<u>分散への介入効果には，擬似相関がかかわってくる</u>ことがわかる．

この結果を一般化すると以下の定理が導ける (黒木, 宮川 (1999a))．

【定理6.7】介入により分散が低減する必要十分条件

因果ダイアグラム G において，変数集合 Z が (X,Y) についてバックドア基準を満たすとき，X から Y の分散への介入効果において

$$Var(Y|set(X=x)) \leq Var(Y)$$

が成り立つための必要十分条件は

$$\rho_{xy}^2 \geq (\boldsymbol{\rho}_{xz}^T \boldsymbol{\beta}_{yz\cdot x})^2 \tag{6.35}$$

である． □

(6.35) 式が (6.34) 式を一般化したものであることを確認されたい．

6.4 適 用 例

6.4.1 用いるデータの説明

前節までに述べた一連の方法論を奥野ら (1986) の事例 1 「ボディ塗装条件の設定」に報告されているデータに適用する.

このデータは，自動車のボディ塗装工程において，塗着率を高め安定させる工程条件を設定することを目的に収集されたものである.

データ数は $n = 38$ で，要因変数として
- 塗料条件：希釈率 (x_1)，粘度 (x_2)，塗料温度 (x_8)
- 吹付条件：ガンスピード (x_3)，吹付距離 (x_4)，霧化エアー圧 (x_5)，パターン幅 (x_6)，吐出量 (x_7)
- 環境条件：温度 (x_9)，湿度 (x_{10})

が測定され，特性変数として
- 塗着率 (y)，中心膜圧，膜圧幅

が測定されている．以下の解析では，特性変数として塗着率のみを対象とする．標本相関行列を表 6.1 に示す．

奥野ら (1986, p.47, p.49) には次の記述がある.

「さて，この幹葉表示の全貌を眺めると，いろいろのことに気付く．まず，x_1(希釈率) と x_4(吹付距離) は異なる値が三つしかない．この実験では，塗料の希釈率と吹付距離は 3 段階しか変えなかったのだから当然である．x_2(粘度)，x_3(ガンスピード)，x_5(霧化エアー圧)，x_6(パターン幅) もある程度制御されたから，それほど多くの値はとっていない．しかし，結果系として変動する x_7(吐出量)，x_8(塗料温度) や環境条件を示す x_9(温度)，x_{10}(湿度) はとりうる値がいろいろばらついている．」

「表 4 [本書の表 6.1] で，説明変数間の相関のかなり高いものを拾うと，$r_{1,2} = -0.678$, $r_{8,9} = 0.761$, $r_{2,10} = 0.684$ などがある．$r_{8,9}$ は塗料温度 (x_8) とブース温度 (x_9) との相関係数で，塗料がブース内を通るのであるから正の高い相関があるのは当然である．塗料の粘度 (x_2) と希釈率 (x_1) に負の相関が出るのも，技術的に適切な処理をしていることの証明である．粘度 (x_2) と湿

表 6.1 「ボディ塗装条件の設定」データにおける標本相関行列

	x_1	x_2	x_3	x_4	x_5	x_6	x_7	x_8	x_9	x_{10}	y
x_1	1.000										
x_2	-0.678	1.000									
x_3	-0.215	0.241	1.000								
x_4	0.230	-0.442	-0.201	1.000							
x_5	0.040	-0.024	0.004	0.191	1.000						
x_6	0.116	0.005	-0.067	-0.286	0.291	1.000					
x_7	0.338	-0.422	0.208	0.287	0.117	0.057	1.000				
x_8	0.002	-0.590	-0.007	0.446	0.034	-0.123	0.251	1.000			
x_9	0.145	-0.509	-0.082	0.521	-0.048	-0.147	0.287	0.761	1.000		
x_{10}	-0.496	0.684	0.307	-0.477	0.010	0.178	-0.122	-0.342	-0.571	1.000	
y	-0.198	0.463	0.292	-0.614	-0.151	-0.226	-0.113	-0.551	-0.431	0.282	1.000

度 (x_{10}) の正の相関は，湿度が高いときに，塗料の粘度が上がることを表している.」

この記述と標本相関行列より，このデータが本書の対象とする観察研究によって得られたものであると判断できる．それは第一に，処理変数が存在していることである．希釈率と吹付距離は意図的に3水準に設定された処理変数である．第二に，処理変数である吹付距離と環境条件である温度の相関係数は $r_{4,9} = 0.521$, 同様に処理変数である希釈率と湿度の相関係数は $r_{1,10} = -0.496$ といずれも高度に有意なことである．このことは，これら処理変数の割り付けが無作為化されていないことの証左である．よって，この研究は無作為化実験でない処理変数のある観察研究である.

6.4.2　因果ダイアグラムとその統計的推測

2.1節に述べたフレームワークにしたがい，ここでの変数を分類する．塗着率 y を**反応変数**とする．希釈率と吹付距離に加えて，粘度，ガンスピード，霧化エアー圧，パターン幅は**処理変数**とみなす．ただし，{ 希釈率，吹付距離 } は { 粘度，ガンスピード，霧化エアー圧，パターン幅 } に先行するものとする．吐出量は**中間特性**とする．温度，湿度および塗料温度は**共変量**とみなす．ただし，{ 温度，湿度 } は塗料温度に先行するものとする.

以上の先行関係を背景知識として，**グラフィカルモデリング**(たとえば，宮川

(1997)) を実行した．解析には，宮川，芳賀 (1997) の対話的グラフィカル正規モデリング (CGGM) を用いた．得られたグラフで無向の辺は，(温度，湿度) の組と (霧化エアー圧，パターン幅) の組だけであった．温度と湿度の間に因果関係を想定することは無意味なので，ここは無向のままにした．霧化エアー圧とパターン幅については，塗装の専門書 (吉田ら (1980)) を参考に，霧化エアー圧からパターン幅への矢線とした．この結果得られたグラフは図 6.4 に示すものとなった (黒木，宮川 (1999a))．

この因果ダイアグラムのデータへのあてはまり具合を見るために，尤度比検定統計量である**逸脱度**を求めると，$dev = 34.275$ となった．これが近似的に自由度 36(図 6.4 で存在しない矢線の数) のカイ 2 乗分布にしたがうことを利用すれば，p 値は 0.55 となり，比較的よいあてはまりと判断した．

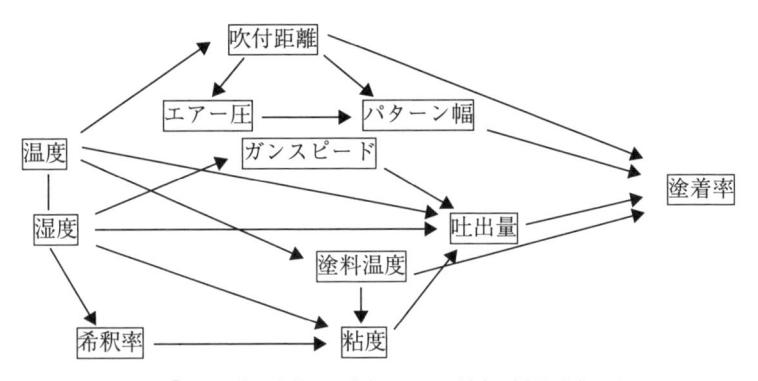

図 6.4 「ボディ塗装条件の設定」データに対する因果ダイアグラム

6.4.3 総合効果の推定と回帰分析結果との比較

図 6.4 に与えた因果ダイアグラムに対応する線形構造方程式モデルにおけるパス係数を推定した結果を表 6.2 に示す．表 6.2 では親を列，子を行に配置している．この推定は，線形構造方程式モデルのそれぞれの式について回帰分析を行い，その**標準偏回帰係数**を求めたものである．

さらに，すべての処理変数について，塗着率への総合効果を求めた結果が表 6.3 である．表 6.2 ですべてのパス係数を求めているので，各処理変数から塗着率へのすべての有向道について直接効果と間接効果を求めて，その和をとれば

6.4 適 用 例

表 6.2 図 6.4 の各矢線に対するパス係数

	湿度	温度	塗料温度	希釈率	吹付距離	ガン	粘度	エアー圧	吐出量	パターン幅
温度	-0.571									
塗料温度		0.761								
希釈率	-0.496									
吹付距離		0.521								
ガン	0.307									
粘度	0.231		-0.510	-0.563						
エアー圧					0.191					
吐出量	0.314	0.177				0.274	-0.613			
パターン幅					-0.355			0.358		
塗着率			-0.372		-0.636				0.189	-0.465

総合効果を得る．

ところで，奥野ら (1986) では，塗着率 y を目的変数，x_1 から x_{10} までを説明変数にした回帰分析を行っている．変数選択に増減法 ($F_{IN} = F_{OUT} = 2.0$) を用いた結果，説明変数として

吹付距離 (x_4)，パターン幅 (x_6)，吐出量 (x_7)，塗料温度 (x_8)

を取り上げた回帰モデルを選択している．この結果は図 6.4 の因果ダイアグラムと整合している．これら 4 つの説明変数はいずれも塗着率の親である．非巡回的有向独立グラフの**局所的マルコフ性**より，親を与えてしまえば，子は親以外の非子孫と独立である．よって，親以外の変数は説明変数に選択されない．

本書の主張は，このような形式的な回帰分析の使用から脱却することにある．せっかく，説明変数の中に，処理変数，共変量，中間特性といった性格の異なるものが混在していることや，説明変数間の相関が合理的因果関係の産物であることを認識していても，形式的な回帰分析ではそれがモデリングに全く反映されていないのである．たとえば，希釈率は塗着率への間接効果はあるが直接効果はない．よって，塗着率に因果的効果をもつにもかかわらず，説明変数として選択されない．説明変数に選択されない変数は目的変数に対する効果がない，というような大きな誤解を与えやすい．逆に，ここで共変量とみなした塗料温度や，中間特性とみなした吐出量が選択される．これらは制御可能 (介入可能) ではないと考えられるから，これらの偏回帰係数には，「その値を 1 単位変化させたときの」という意味がない．

表 6.3 総合効果と標準偏回帰係数

	総合効果	標準偏回帰係数
希釈率	0.065	
粘度	-0.116	
ガンスピード	0.052	
吹付距離	-0.503	-0.636
エアー圧	-0.167	
パターン幅	-0.465	-0.465
吐出量		0.189
塗料温度		-0.372

　参考までに，上記回帰式での標準偏回帰係数を表 6.3 に併記した．塗着率への直接効果とともに間接効果のある吹付距離では，総合効果と標準偏回帰係数に若干の差異が生じ，直接効果のみをもつパターン幅では両者は一致する．

　ここで，総合効果の推定にバックドア基準を用いてみよう．処理変数である吹付距離を例に行う．(吹付距離, 塗着率) についてバックドア基準を満たす変数集合はいくつもある．最も自明な集合は親である { 温度 } である．そこで，塗着率を目的変数，吹付距離と温度を説明変数にした回帰モデルでの吹付距離での標準偏回帰係数を求めると，−0.535 となった．これに対して，表 6.3 に示した総合効果の推定値 −0.503 はパス係数の推定値より積み上げたものである．仮に因果ダイアグラムが完全に正しく，標本数が十分大きければ，両者の値は一致するのだが，この場合は多少の差異が出る．そこで，バックドア基準を満たす変数集合として { 温度, 塗料温度 } を採用してみた．すると，そこでの標準偏回帰係数は −0.504 となり表 6.3 の値にぐっと近づく．バックドア基準の威力が改めて確認される．

6.4.4　分散への介入効果の推定

　分散への介入効果を推定するために，定理 6.6 の (6.32) 式の右辺に現れるパラメータを推定する．通常の回帰分析で Y の残差分散と共変量 Z の標準偏回帰係数ベクトル $\boldsymbol{\beta}_{yz\cdot x}$ の最小2乗推定量を求め，共変量 Z の標本相関行列を算出した．前項と同様に，バックドア基準を満たす変数集合が一意でないとき，その間で分散への介入効果の推定値は若干異なる．ここではその一部を示す．

　処理変数として吹付距離を取り上げ，バックドア基準を満たす変数集合とし

て{温度，塗料温度}を採用したとき，分散への介入効果は 0.635 と推定された．なお，予めすべての変数の分散を 1 に基準化しているので，介入により塗着率の分散は小さくなることがわかる．

これに対して，処理変数として希釈率を取り上げたとき，バックドア基準を満たす変数集合として{湿度，ガンスピード，エアー圧，パターン幅，吹付距離}を採用すると，分散への介入効果が 1.021 と推定され，介入により塗着率の分散が増加してしまうという結果が得られた．その理由として，次の考察ができる．定理 6.7 に与えた条件式 (6.35) 式を変形すると，(6.34) 式を一般化した

$$\beta_{yx\cdot z}^2 + 2\beta_{yx\cdot z}(\boldsymbol{\rho}_{xz}^T \boldsymbol{\beta}_{yz\cdot x}) \geq 0 \tag{6.36}$$

が得られる．希釈率の標準偏回帰係数 $\beta_{yx\cdot z}$ の推定値は正値で 0.048 である (表 6.3 での値 0.065 と若干差がある)．一方，$(\boldsymbol{\rho}_{xz}^T \boldsymbol{\beta}_{yz\cdot x})$ は希釈率と塗着率の擬似相関を意味するが，表 6.2 で得たパス係数よりこれを推定すると，−0.156 となる．これが分散を増加させているのである．

7

条件付き介入と同時介入

7.1 条件付き介入効果とその識別可能性

7.1.1 ノンパラメトリックな定義

6.3 節で，処理変数に対する介入によって反応変数の分散が増えてしまうことがあることを述べた．これは，観察された場において，共変量の値に応じて適切な処理変数の値を設定することで，共変量の変動による反応変数の変動を制御する機能 (工学では**適応制御**とか**フィードフォワード制御**という) があったにもかかわらず，介入 (無条件介入) によってそのような制御機能を失わせてしまった結末であった．

処理変数に介入するときに，既に観測している共変量の値に応じて適切な値を設定することは，工学における適応制御以外にも広く行われる常識的行為といえる．臨床医が患者に対する処方を選択するとき，患者の年齢や身体的特性を考慮して決めることは当然のことである．このように，処理変数 X の値を既に観測されている変数集合 W の関数 $h(W)$ に設定する介入を**条件付き介入**と呼ぶ．また，このときの W を**制御のための変数集合**と呼ぶ．条件付き介入効果の数学的定義は Pearl and Robins(1995) によって次のように与えられている．

【定義 7.1】条件付き介入効果

因果ダイアグラム G において，頂点集合を $V = \{X, Y\} \cup S$ とし，$\{X, Y\}$ と S とは排反であるとする．X のすべての非子孫からなる変数集合のある部分集合 $W (\subset S)$ による X への条件付き介入を行うとする．このとき

$$f(y|\,set(X = h(W))) = \int \frac{f_V(y, h(w), s)}{f_{X \cdot pa}(h(w)|\,pa(x))}\,ds \qquad (7.1)$$

を W による X の Y への**条件付き介入効果**という．ここに，$set(X = h(W))$ は，外的操作により X の値を $h(W)$ に設定することを意味する． □

(7.1) 式で s はベクトル変数であり，積分は重積分を意味する．このことを踏まえれば，この定義は，定義 5.2 に与えた介入効果 (ここでの条件付き介入効果と区別するときは**無条件介入効果**) と基本的に変わらない．X の値を W の値に関係なく x にするのでなく，W の関数値にする点のみが異なる．(7.1) 式右辺の被積分関数の分母は，グラフ上で X への矢線を取り除くことを意味している．

7.1.2　条件付き介入効果の識別可能条件

無条件介入効果と同様に，(7.1) 式が観測される変数の同時分布によって記述されるとき，条件付き介入効果は識別可能であるという．一般に $\{X, Y\}$ 以外の全変数集合 S をたがいに排反な変数集合 W, Z, U に分割したとき，(7.1) 式は，$\{X, Y\}$ と W に加えて Z に依存し，U には依存しない形で表現できる．すなわち，条件付き介入効果が識別可能になるためには，$\{X, Y\}$ と W に加えて，ある変数集合 Z の観測が必要になることがある．この追加すべき変数集合 Z を**識別のための変数集合**と呼ぶ．一方，U は識別に不要な変数集合である．Z や U は空集合になることもある．

X の Y への条件付き介入効果の識別や推定において，制御のための変数集合の選択基準には，「X の非子孫である」という以外に制約はない．一方，識別のための変数集合は制御のための変数集合に依存し，この変数集合が満たすべき要件は必ずしも自明でない．実はバックドア基準はここでも役立つ．黒木，宮川 (1999b) は次の定理を与えた．

【定理 7.1】バックドア基準を満たすときの条件付き介入効果の表現

因果ダイアグラム G において，(X, Y) について変数集合 T がバックドア基準を満たしているとする．$W(\subset T)$ による X への条件付き介入を行うとする．このとき，T が X, Y とともに観測されていれば，W による X の Y への条件付き介入効果は識別可能であり，それは

$$f(y|\,set(X=h(W))) = \int f_{Y \cdot XT}(y|\,h(w),t) f_T(t)\,dt \qquad (7.2)$$

で与えられる． □

(7.1) 式と同様に，(7.2) 式で t はベクトル変数であり，積分は重積分を意味している．この定理の条件部分，すなわち制御のための変数集合 W がバックドア基準を満たす変数集合 T の部分集合であるという条件は，制御のための変数集合の選択において何ら制約になっていないことに注意する．なぜなら，(X,Y) についてバックドア基準を満たす変数集合は必ず存在し，ある変数集合が (X,Y) についてバックドア基準を満たすとき，その変数集合に任意の X の非子孫を加えた集合もまたバックドア基準を満たすからである．よって，制御のための変数集合 W は X の非子孫であるから，W がバックドア基準を満たす集合の部分集合としても一般性を失っていない．

（定理 7.1 の証明）

この定理の補題となるのは定理 5.1 に与えた**推測ルール**の 2) である．まず，全確率の公式より

$$f(y|\,set(X=h(W))) = \int f(y|\,set(X=h(W)),t) f(t|\,set(X=h(W)))\,dt$$

である．T は X の非子孫の変数集合だから，X への介入によって分布が変わることはない．よって

$$f(t|\,set(X=h(W))) = f_T(t)$$

である．また，$h(W)$ は W の関数で，$W \subset T$ であることより，T を与えることで $h(W)$ は定数となる．一方，T はバックドア基準を満たすので，因果ダイアグラム G より X から出る矢線を除いたグラフで，T は X と Y を有向分離する．ここで推測ルールの 2) を使えば

$$f(y|\,set(X=h(W)),t) = f_{Y \cdot XT}(y|\,h(w),t)$$

となる．これより題意を得る． □

【例 7.1】 図 7.1 に示す因果ダイアグラムを考えよう．

7.1 条件付き介入効果とその識別可能性

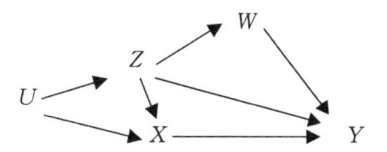

図 7.1 条件付き介入を説明する因果ダイアグラム

図 7.1 で処理変数 X と反応変数 Y について，$\{W, Z\}$ はバックドア基準を満たす．よって，W による X の Y への条件付き介入効果は，X, Y とともに W と Z を観測することで識別可能になり

$$f(y|\,set(X = h(W))) = \int\int f_{Y\cdot XZW}(y|\,h(w), z, w) f_{ZW}(z, w)\, dzdw \tag{7.3}$$

で与えられる．このとき，W は制御のための変数で，Z が識別のための変数である．さらに U は識別に不要な変数である． □

7.1.3 線形構造方程式モデルの場合

この項では線形構造方程式モデルを仮定する．さらに関数 $h(W)$ についても

$$h(W) = x_0 + \boldsymbol{a}^T W \tag{7.4}$$

という線形構造を仮定する．本書では，このような条件付き介入を**線形条件付き介入**と呼ぶことにする．

無条件介入のときと同様に，条件付き介入効果の平均と分散に着目すると，W による X への条件付き介入をしたときの Y の平均は

$$E\,[Y|\,set(X = h(W))] = \int y\, f(y|\,set(X = h(W)))\, dy \tag{7.5}$$

であり，分散は (7.5) 式を $\mu(W)$ と表記して

$$Var(Y|\,set(X = h(W))) = \int (y - \mu(W))^2 f(y|\,set(X = h(W)))\, dy \tag{7.6}$$

である．まず，図 7.1 の例において，これら平均と分散がどのような形で表されるかを考えていこう．

【例 7.2】 図 7.1 の因果ダイアグラムで，処理変数 X に対して

$$X = x_0 + aW$$

という線形条件付き介入を行うとする．処理変数 X と反応変数 Y について $\{W, Z\}$ はバックドア基準を満たすので，回帰モデル

$$Y = \beta_{yx \cdot zw} x + \beta_{yz \cdot xw} z + \beta_{yw \cdot xz} w + \varepsilon_{y \cdot xzw}$$

を想定し，右辺の x に線形条件付き介入の式を代入すれば

$$\begin{aligned} Y &= \beta_{yx \cdot zw}(x_0 + aw) + \beta_{yz \cdot xw} z + \beta_{yw \cdot xz} w + \varepsilon_{y \cdot xzw} \\ &= \beta_{yx \cdot zw} x_0 + \beta_{yz \cdot xw} z + (\beta_{yw \cdot xz} + a\beta_{yx \cdot zw}) w + \varepsilon_{y \cdot xzw} \quad (7.7) \end{aligned}$$

となる．ここで，W と Z がそれぞれ単一変数で，すべての変数の平均が 0 に基準化されているので，X に線形条件付き介入をしたときの Y の平均は

$$E[Y | set(X = x_0 + aW)] = \beta_{yx \cdot zw} x_0 \quad (7.8)$$

となる．また，分散については，(7.7) 式の回帰モデルより

$$\begin{aligned} Var(Y | set(X = x_0 + aW)) = {}& \beta_{yz \cdot xw}^2 \sigma_{zz} + (\beta_{yw \cdot xz} + a\beta_{yx \cdot zw})^2 \sigma_{ww} \\ &+ 2\beta_{yz \cdot xw}(\beta_{yw \cdot xz} + a\beta_{yx \cdot zw})\sigma_{zw} + \sigma_{yy \cdot xzw} \end{aligned}$$

となる．ここで，W と Z がそれぞれ分散 1 に基準化されていれば

$$\sigma_{zw} = \rho_{zw}$$
$$\sigma_{zz \cdot w} = 1 - \rho_{zw}^2$$

であることに注意して，上式を変形すれば

$$\begin{aligned} Var(Y | set(X = x_0 + aW)) = {}& \sigma_{yy \cdot xzw} + \beta_{yz \cdot xw}^2 \sigma_{zz \cdot w} \\ &+ (a\beta_{yx \cdot zw} + \beta_{yw \cdot xz} + \rho_{zw}\beta_{yz \cdot xw})^2 \end{aligned}$$
$$(7.9)$$

を得る．

ここで (7.9) 式右辺を考察しよう．まず，第 1 項の $\sigma_{yy\cdot xzw}$ は X, Z, W のいずれでも説明できない残差による影響なので，これは条件付き介入をしても残る．第 2 項は，Z から Y への直接効果による Y の変動を意味する．X への介入によって Z から X への矢線は取り除かれており，また，W を与えたもとでは Z から W を経由した間接効果は除かれている．第 3 項の中身は，W の変動が X への条件付き介入によって a 倍されて Y へ影響する部分，W の Y への直接効果による部分，および W と Z の相関関係から結果的に W の変動が Z を介して Y へ伝わる部分の 3 つの和が 2 乗で効いてくることを意味している．
□

さて，一般的な議論をする上で，面倒な記号の定義をすることをお許しいただきたい．Y を目的変数，x と制御のための変数ベクトル $\boldsymbol{w} = (w_1, \cdots, w_p)^T$，および識別のための変数ベクトル $\boldsymbol{z} = (z_1, \cdots, z_q)^T$ を説明変数にした回帰モデルを設定する．この回帰モデルでの w_1 の偏回帰係数を $\beta_{yw_1\cdot xzw}$ と記し，他の制御のための変数についても同様な表記をして，これらを要素にする p 次元ベクトルを $\boldsymbol{\beta}_{yw\cdot xz}$ と記す．同様に，この回帰モデルでの z_1 の偏回帰係数を $\beta_{yz_1\cdot xzw}$ と記し，他の識別のための変数についても同様な表記をして，これらを要素にする q 次元ベクトルを $\boldsymbol{\beta}_{yz\cdot xw}$ とする．さらに，Z_j を目的変数にし，$\boldsymbol{w} = (w_1, \cdots, w_p)^T$ を説明変数にした回帰モデルでの w_1 の偏回帰係数を $\beta_{z_jw_1\cdot w}$ と記し，他の制御のための変数についても同様な表記をして，これらを要素にする p 次元ベクトルを $\boldsymbol{\beta}_{z_jw}$ とする．この $\boldsymbol{\beta}_{z_jw}$ を第 j 列ベクトルにする $(p \times q)$ 行列を B_{zw} とおく．W の相関行列を Σ_{ww}，W を与えたときの Z の分散共分散行列を $\Sigma_{zz\cdot w}$ とする．X, W, Z を与えたときの Y の条件付き分布での分散を $\sigma_{yy\cdot xzw}$ とする．また，すべての観測変数は平均 0，分散 1 に基準化されているものとする．

以上の記号を準備したもとで，次の定理 (黒木, 宮川 (1999b)) が成り立つ．

【定理 7.2】線形構造方程式モデルでの条件付き介入効果

因果ダイアグラム G において，(X, Y) について変数集合 T がバックドア基準を満たしているとする．X, Y, T が多変量正規分布にしたがうならば，$W(\subset T)$ による X への線形条件付き介入をしたときの Y の平均と分散はそれぞれ

$$E\left[Y | \operatorname{set}(X = x_0 + \boldsymbol{a}^T W)\right] = \beta_{yx\cdot zw} x_0 \tag{7.10}$$

$$Var(Y \mid set(X = x_0 + \boldsymbol{a}^T W))$$
$$= \sigma_{yy \cdot xzw} + \boldsymbol{\beta}_{yz \cdot xw}^T \Sigma_{zz \cdot w} \boldsymbol{\beta}_{yz \cdot xw}$$
$$+ (\beta_{yx \cdot zw} \boldsymbol{a} + \boldsymbol{\beta}_{yw \cdot xz} + B_{zw} \boldsymbol{\beta}_{yz \cdot xw})^T$$
$$\times \Sigma_{ww} (\beta_{yx \cdot zw} \boldsymbol{a} + \boldsymbol{\beta}_{yw \cdot xz} + B_{zw} \boldsymbol{\beta}_{yz \cdot xw}) \quad (7.11)$$

である．ここに，$Z = T \backslash W$ である． □

まず，例 7.2 で求めた (7.8) 式と (7.9) 式がそれぞれ (7.10) 式と (7.11) 式の特別な場合になっていることを確認してほしい．(7.10) 式より明らかなように，上述の基準化のもとでは，線形条件付き介入を行ったときの Y の平均は係数ベクトル $\boldsymbol{a}$ に依存しない．すなわち，これは無条件介入で X を x_0 に固定したときの平均に等しい．また，$T = Z \cup W$ がバックドア基準を満たすので，6.1 節に与えた結果より，偏回帰係数 $\beta_{yx \cdot zw}$ は X から Y への総合効果になっている．一方，線形条件付き介入を行ったときの Y の分散は定数項 x_0 に依存しない．この定理 7.2 の証明はかなり煩雑なので省略する (厳密な証明は黒木，宮川 (1999b) にある)．

7.2　条件付き介入の適応制御への応用

7.2.1　最適な適応制御方式

工業においては，原材料の特性や環境条件などを測定し，それに応じて工程での処理条件を変え，品質特性を目標値に合わせる行為を**適応制御**，あるいは**フィードフォワード制御**という．ここで，原材料特性や環境条件を変数集合 W で記せば，適応制御とはまさに W による処理変数 X への条件付き介入を行っていることに他ならない．

適応制御では，原材料特性や環境条件が品質特性に与える影響を予測し，その影響を相殺するように処理変数への条件付き介入を行うことで，品質特性の値を目標値に近づけている．このとき，合理的な適応制御を行うための条件付き介入方式を明確にすることが有用である．この目的に対して，上述の定理 7.2 より直ちに次の定理 7.3(黒木，宮川 (1999b)) を得る．

【定理 7.3】最適な線形条件付き介入方式

因果ダイアグラム G において, (X, Y) について変数集合 T がバックドア基準を満たしているとする. X, Y, T が多変量正規分布にしたがうならば, $W(\subset T)$ による X への線形条件付き介入をしたときの Y の分散は

$$\boldsymbol{a} = -\frac{1}{\beta_{yx\cdot zw}}(\boldsymbol{\beta}_{yw\cdot xz} + B_{zw}\boldsymbol{\beta}_{yz\cdot xw}) \tag{7.12}$$

のとき最小となる. ここに, $Z = T\backslash W$ である. この $\boldsymbol{a}$ を $\boldsymbol{a}^*$ とおけば

$$Var(Y\,|\,set(X=x_0+\boldsymbol{a}^{*T}W)) = \sigma_{yy\cdot xzw} + \boldsymbol{\beta}_{yz\cdot xw}^T \Sigma_{zz\cdot w} \boldsymbol{\beta}_{yz\cdot xw} \tag{7.13}$$

である. □

(7.13) 式は (7.11) 式右辺第 3 項を 0 としたものである. この第 3 項が 0 になるように設定した $\boldsymbol{a}$ が (7.12) 式で与えられる介入方式である. 本書では, $\boldsymbol{a} = \boldsymbol{a}^*$ による線形条件付き介入を**最適な線形条件付き介入**と呼ぶ. 制御のための変数集合の候補が与えられているとき, 最適な線形条件付き介入を行うことで, 実質的に十分な変数集合を選択していることになる. なぜならば, 制御のための変数集合 W の中に適応制御の点から不必要な変数があれば, その変数にかかる係数が (7.12) 式において 0 となるからである.

W が単一変数のときを考えると, (7.12) 式における $\beta_{yw\cdot xz} + B_{zw}\boldsymbol{\beta}_{yz\cdot xw}$ は, 因果ダイアグラム G より X へ向かう矢線をすべて取り除いたグラフでの, W から Y への直接効果, 間接効果および擬似相関の和と解釈することができる.

【例 7.3】 図 7.1 の因果ダイアグラムで, W を制御のための変数, Z を識別のための変数とする. このとき W による X への最適な線形条件付き介入は

$$X = x_0 + a^*W = x_0 - \frac{\beta_{yw\cdot xz} + \rho_{zw}\beta_{yz\cdot xw}}{\beta_{yx\cdot zw}}W \tag{7.14}$$

で与えられ, そのときの Y の分散は

$$Var(Y\,|\,set(X = x_0 + a^*W)) = \sigma_{yy\cdot xzw} + \beta_{yz\cdot xw}^2 \sigma_{zz\cdot w} \tag{7.15}$$

となる. 例 7.2 での (7.9) 式と比べれば, そこでの右辺第 3 項が消えている. この第 3 項が 0 になるように設定したのが a^* ということである. □

7.2.2 分散を低減させる必要十分条件

ここでは，最適な線形条件付き介入を行ったときに，反応変数 Y の分散が介入前に比べて低減するための条件を考察する．ここでまた，記号の定義をする．X と Z_j の相関係数を ρ_{xz_j} とし，これを要素とする q 次元のベクトルを $\boldsymbol{\rho}_{xz}$ と記す．X と W_i の相関係数を ρ_{xw_i} とし，これを要素にする p 次元ベクトルを $\boldsymbol{\rho}_{xw}$ と記す．このとき次の定理 (黒木, 宮川 (1999b)) が成り立つ．

【定理 7.4】最適な線形条件付き介入で分散が低減する必要十分条件

因果ダイアグラム G において，(X, Y) について変数集合 T がバックドア基準を満たしているとする．X, Y, T が多変量正規分布にしたがうならば，$W(\subset T)$ による X への最適な線形条件付き介入をしたとき

$$Var(Y|\,set(X = x_0 + \boldsymbol{a}^{*T}W)) \leq Var(Y) \qquad (7.16)$$

となるための必要十分条件は

$$(\boldsymbol{\rho}_{xw}^T \boldsymbol{\beta}_{yw\cdot xz} + \boldsymbol{\rho}_{xz}^T \boldsymbol{\beta}_{yz\cdot xw})^2$$
$$\leq \rho_{xy}^2 + (\boldsymbol{\beta}_{yw\cdot xz} + B_{zw}\boldsymbol{\beta}_{yz\cdot xw})^T \Sigma_{ww} (\boldsymbol{\beta}_{yw\cdot xz} + B_{zw}\boldsymbol{\beta}_{yz\cdot xw}) \qquad (7.17)$$

が成り立つことである．ここに，$Z = T \setminus W$ である． □

この定理 7.4 は，無条件介入のみならず，最適な線形条件付き介入をしたときですら，それによって反応変数 Y の分散が増える場合があることを主張している．(7.17) 式左辺の意味を考察すると，$T = Z \cup W$ がバックドア基準を満たすので，左辺は X と Y の擬似相関の 2 乗である．一方，(7.17) 式右辺の第 2 項は必ず非負なので，X と Y の相関係数の 2 乗が擬似相関の 2 乗よりも大きければ，(7.17) 式の不等式は常に成り立つ．

ここで，制御のための変数集合 W が (X, Y) についてバックドア基準を満たす場合を考える．このとき，空集合が識別のための変数集合 Z の要件を満たすから，(7.17) 式において $\boldsymbol{\beta}_{yz\cdot xw}$ が存在しない．したがって，(7.17) 式の左辺は $(\boldsymbol{\beta}_{yw\cdot x}^T \boldsymbol{\rho}_{xw})^2$ となり，右辺第 2 項は $\boldsymbol{\beta}_{yw\cdot x}^T \Sigma_{ww} \boldsymbol{\beta}_{yw\cdot x}$ となる．このとき

$$\boldsymbol{\beta}_{yw\cdot x}^T \Sigma_{ww} \boldsymbol{\beta}_{yw\cdot x} - (\boldsymbol{\beta}_{yw\cdot x}^T \boldsymbol{\rho}_{xw})^2 = \boldsymbol{\beta}_{yw\cdot x}^T (\Sigma_{ww} - \boldsymbol{\rho}_{xw}\boldsymbol{\rho}_{xw}^T) \boldsymbol{\beta}_{yw\cdot x}$$
$$= \boldsymbol{\beta}_{yw\cdot x}^T \Sigma_{ww\cdot x} \boldsymbol{\beta}_{yw\cdot x} \qquad (7.18)$$

という変形ができる．この (7.18) 式は非負定行列の2次形式なので，非負の値をとる．すなわち，この場合，(7.17) 式の不等式は常に成り立つ．以上の議論をまとめると，次の系 7.1(黒木, 宮川 (1999b)) を得る．

【系 7.1】制御のための変数集合がバックドア基準を満たすときの性質

因果ダイアグラム G において，(X,Y) について変数集合 W がバックドア基準を満たしているとする．X, Y, W が多変量正規分布にしたがうならば，W による X への最適な線形条件付き介入をしたとき

$$Var(Y|set(X=x_0+\boldsymbol{a}^{*T}W)) \leq Var(Y)$$

が常に成り立つ．なお，このとき

$$\boldsymbol{a}^* = -\frac{1}{\beta_{yx\cdot w}}\boldsymbol{\beta}_{yw\cdot x} \tag{7.19}$$

と表現することができる． □

この系 7.1 は，バックドア基準を満たす変数集合を制御のための変数集合にすることで，最適な線形条件付き介入が反応変数の分散を介入前よりも確実に減少させることを保証した，という意味で強力な命題である．

【例 7.4】図 7.1 の因果ダイアグラムで，処理変数 X と反応変数 Y について $\{Z\}$ はバックドア基準を満たす．よって，この Z を制御のための変数とすることを考える．このとき，識別のための変数集合は空集合であるから，回帰モデルとして

$$Y = \beta_{yx\cdot z}x + \beta_{yz\cdot x}z + \varepsilon_{y\cdot xz}$$

を想定する．この Z を制御のための変数としたときの最適な線形条件付き介入は

$$X = x_0 + a^*Z = x_0 - \frac{\beta_{yz\cdot x}}{\beta_{yx\cdot z}}Z \tag{7.20}$$

で，そのときの Y の分散は，識別のための変数集合が空なので

$$Var(Y|set(X=x_0+a^*Z)) = \sigma_{yy\cdot xz} \tag{7.21}$$

となり，確かにこれは $Var(Y)$ よりも小さい． □

7.2.3 制御のための変数集合の選択基準

ところで，(7.13) 式を変形すると

$$Var(Y|set(X = \boldsymbol{a}^{*T}W))$$
$$= 1 - \rho_{xy}^2 + (\boldsymbol{\rho}_{xw}^T\boldsymbol{\beta}_{yw\cdot xz} + \boldsymbol{\rho}_{xz}^T\boldsymbol{\beta}_{yz\cdot xw})^2$$
$$- (\boldsymbol{\beta}_{yw\cdot xz} + B_{zw}\boldsymbol{\beta}_{yz\cdot xw})^T \Sigma_{ww} (\boldsymbol{\beta}_{yw\cdot xz} + B_{zw}\boldsymbol{\beta}_{yz\cdot xw}) \quad (7.22)$$

を得る．この (7.22) 式右辺において，第1項は定数，第2項は X と Y との相関係数の2乗，第3項は $T = Z \cup W$ が (X, Y) についてバックドア基準を満たしているので X と Y との擬似相関の2乗になっている．これらの値は T が与えられてしまえば，制御のための変数集合と識別のための変数集合の選択に依存しない．これに対して第4項は制御のための変数集合に依存し，(7.22) 式はこの値が大きくなるほど小さくなる．

よって，制御のための変数集合の候補として W_1 と W_2 という異なる変数集合があるとき，W_1 による最適な線形条件付き介入を行ったときの反応変数 Y の分散と，W_2 による最適な線形条件付き介入を行ったときのそれとの大小関係は，(7.22) 式右辺第4項の大小関係に帰着する．この考察は，次の系 7.2(黒木, 宮川 (1999b)) のようにまとめることができる．

【系 7.2】制御のための変数集合の選択基準

因果ダイアグラム G において，(X, Y) について変数集合 T がバックドア基準を満たしているとする．X, Y, T が多変量正規分布にしたがうならば，$W_1(\subset T)$ による最適な線形条件付き介入を行ったときと，$W_2(\subset T)$ による最適な線形条件付き介入を行ったときの比較として

$$Var(Y|set(X = x_0 + \boldsymbol{a}_1^{*T}W_1)) \leq Var(Y|set(X = x_0 + \boldsymbol{a}_2^{*T}W_2)) \quad (7.23)$$

であるための必要十分条件は

$$(\boldsymbol{\beta}_{yw_1\cdot xz_1} + B_{z_1w_1}\boldsymbol{\beta}_{yz_1\cdot xw_1})^T \Sigma_{w_1w_1} (\boldsymbol{\beta}_{yw_1\cdot xz_1} + B_{z_1w_1}\boldsymbol{\beta}_{yz_1\cdot xw_1})$$
$$\geq (\boldsymbol{\beta}_{yw_2\cdot xz_2} + B_{z_2w_2}\boldsymbol{\beta}_{yz_2\cdot xw_2})^T \Sigma_{w_2w_2} (\boldsymbol{\beta}_{yw_2\cdot xz_2} + B_{z_2w_2}\boldsymbol{\beta}_{yz_2\cdot xw_2})$$
$$(7.24)$$

が成り立つことである．ここに，$Z_1 = T \backslash W_1$, $Z_2 = T \backslash W_2$ である．　□

【例 7.5】図 7.1 の因果ダイアグラムで，処理変数 X と反応変数 Y について $W_1 = \{Z\}$, $W_2 = \{W\}$ として比較検討してみよう．$\{Z\}$ はそれ自体でバックドア基準を満たしているから，これを制御のための変数としたとき，(7.22) 式右辺第 4 項は $\beta_{yz \cdot x}^2$ である．一方，W を制御のための変数とすると，識別のための変数として Z が必要になり，このときの (7.22) 式右辺第 4 項は $(\beta_{yw \cdot xz} + \rho_{zw} \beta_{yz \cdot xw})^2$ である．これらの値を，6.1 節に述べた結果をもとに，図 7.1 に対応する線形構造方程式モデルに現れるパス係数で表現すれば

$$\beta_{yz \cdot x}^2 = (\alpha_{yz} + \alpha_{yw} \alpha_{wz})^2 \tag{7.25}$$

$$(\beta_{yw \cdot xz} + \rho_{zw} \beta_{yz \cdot xw})^2 = (\alpha_{yw} + \alpha_{yz} \alpha_{wz})^2 \tag{7.26}$$

となる．これから

$$(\beta_{yw \cdot xz} + \rho_{zw} \beta_{yz \cdot xw})^2 - \beta_{yz \cdot x}^2 = (1 - \alpha_{wz}^2)(\alpha_{yw}^2 - \alpha_{yz}^2) \tag{7.27}$$

が導かれる．ここで，$\alpha_{wz}^2 = \rho_{zw}^2 \leq 1$ だから，$\alpha_{yw}^2 \geq \alpha_{yz}^2$ ならば，またそのときに限り，W を制御のための変数にしたほうが Y の分散は小さいことがわかる．このように制御のための変数集合の選択は，図 7.1 のような最も簡単な場合でさえグラフ構造のみからは決まらず，パス係数の値に依存することになる．
　□

7.2.4　識別のための変数集合の選択基準

線形条件付き介入においても，識別のための変数集合が一意でないときに，6.2 節と同様に，総合効果の推定精度の観点からの**共変量選択基準**を導くことができる．これについて Kuroki and Miyakawa(2003) が与えた結果を述べる．

まず，制御のための変数が W で識別のための変数が Z と，ともに単一変数の場合で，最適な線形条件付き介入をしたときの反応変数 Y の分散に対する推定量の漸近分散を求める．すなわち，例 7.3 に与えた (7.15) 式

$$Var(Y | set(X = x_0 + a^* W)) = \sigma_{yy \cdot xzw} + \beta_{yz \cdot xw}^2 \sigma_{zz \cdot w}$$

の推定量の漸近分散である．この推定量としては，回帰モデル

$$Y = \beta_{yx\cdot zw}x + \beta_{yz\cdot xw}z + \beta_{yw\cdot xz}w + \varepsilon_{y\cdot xzw}$$

に対する偏回帰係数の最小 2 乗推定量と不偏分散を用いる．このとき，これらの漸近分散はそれぞれ

$$A.Var(\hat{\sigma}_{yy\cdot xzw}) = \frac{2}{n}\sigma^2_{yy\cdot xzw}$$

$$A.Var(\hat{\beta}_{yz\cdot xw}) = \frac{1}{n}\frac{\sigma_{yy\cdot xzw}}{\sigma_{zz\cdot xw}}$$

$$A.Var(\hat{\sigma}_{zz\cdot w}) = \frac{2}{n}\sigma^2_{zz\cdot w}$$

である．また，これら 3 つの推定量間の共分散はすべて 0 である．なお，本書の表記法として，たとえば σ_{yy} が分散を表すので，σ^2_{yy} は分散の 2 乗であることに注意されたい．いま

$$\hat{V}ar(Y|set(X = x_0 + a^*W)) = \hat{\sigma}_{yy\cdot xzw} + \hat{\beta}^2_{yz\cdot xw}\hat{\sigma}_{zz\cdot w}$$

とおけば，デルタ法により

$$\begin{aligned}
&\frac{n}{2}A.Var(\hat{V}ar(Y|set(X = x_0 + a^*W))) \\
&= Var(Y|set(X = x_0 + a^*W))^2 \\
&\quad + 2\sigma_{yy\cdot xzw}\beta^2_{yz\cdot xw}\left(\frac{\sigma^2_{zz\cdot w}}{\sigma_{zz\cdot xw}} - \sigma_{zz\cdot w}\right)
\end{aligned} \quad (7.28)$$

を得る．(7.28) 式右辺第 1 項は Z に依存しないが，第 2 項が Z に依存することに注意する．なお，右辺第 1 項は (7.15) 式の 2 乗である．

さて，この漸近分散をもとに，識別のための変数選択基準を論じよう．図 7.2 に示す例で考える．

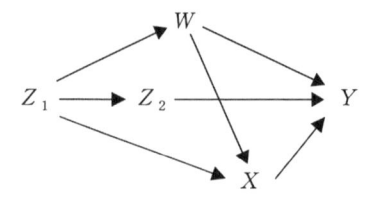

図 7.2 複数の変数集合が識別のための変数となる場合

図 7.2 では，$\{W, Z_1\}$ と $\{W, Z_2\}$ はともに (X, Y) についてバックドア基準を満たす．よって $\{Z_1\}$ と $\{Z_2\}$ はいずれも識別のための変数集合の要件を満たす．このとき，最適な線形条件付き介入をしたときの Y の分散に対する最小2乗推定量の漸近分散は，Z_2 を識別のための変数とした方が Z_1 を用いたときよりも小さくなる．この性質は以下のような定理としてまとめることができる．

【定理 7.5】識別のための共変量選択基準

因果ダイアグラム G において，$\{W, Z_1\}$ と $\{W, Z_2\}$ がともに (X, Y) についてバックドア基準を満たし，これらの同時分布が多変量正規分布にしたがうとする．$\{W, Z_1\}$ が (X, Z_2) を有向分離し，かつ，$\{X, W, Z_2\}$ が (Z_1, Y) を有向分離するならば，最適な線形条件付き介入をしたときの Y の分散に対する最小2乗推定量の漸近分散は，Z_2 を識別のための変数とした方が Z_1 を用いたときよりも小さくなる． □

この定理の証明は省略するが「Z_1 と Z_2 が親子関係にあるときには，Y に近い子を識別のための変数にした方がよい」という定性的性質は定理 6.4 と共通している．

7.2.5 適 用 例

ここまで述べてきた方法論を，6.4 節で用いた事例「ボディ塗装条件の設定」に適用する．因果ダイアグラムは図 6.4 に示したものであった．ここでは，この因果ダイアグラムが真の因果構造を表していると仮定する．そこで，この因果ダイアグラムが正しいとしたときの相関行列の最尤推定値を求める．これは，たとえば AMOS のような**共分散構造分析の解析ツール**を用いれば直ちに出力される．共分散構造分析での構造方程式モデルは，潜在変数と観測変数を含んだ一般的因果構造モデルであり，潜在変数がないときの線形構造方程式モデル(本書で扱っている古典的パス解析モデル) を特別な場合として包含している．AMOS および共分散構造分析に関する明解なテキストとして狩野・三浦 (2002) を薦めたい．AMOS によって得た相関行列の最尤推定値を表 7.1 に示す．

この推定値と表 6.1 に示した標本相関係数を比較すると，次のようなことがわかる．まず，因果ダイアグラムにおいて矢線で結ばれていない変数対での相関

係数では，標本値と推定値は一致しない．これはつまり，矢線で結ばれていない変数対には何らかの独立性・条件付き独立性がモデルにおいて課されているからである．一方，矢線で結ばれている変数対においては，x_{10}(湿度) と x_1(希釈率) の -0.496 のように一致する対と，x_1(希釈率) と x_2(粘度) のように一致しない対がある．後者の不一致は，粘度が希釈率と塗料温度の V 字合流点になっていることに起因している．このような一致・不一致の判定条件は Wermuth(1980) が明らかにしている．しかしそれはかなり煩雑で，それを述べることはここでの趣旨ではないので省略する．ここでは，この最尤推定値が真の相関係数の値と仮定して，最適な適応制御の設計を考える．

表 7.1 図 6.4 の因果ダイアグラムに基づく相関行列の最尤推定値

	x_1	x_2	x_3	x_4	x_5	x_6	x_7	x_8	x_9	x_{10}	y
x_1	1.000										
x_2	-0.736	1.000									
x_3	-0.152	0.210	1.000								
x_4	0.148	-0.331	-0.091	1.000							
x_5	0.028	-0.063	-0.017	0.191	1.000						
x_6	-0.043	0.095	0.026	-0.286	0.291	1.000					
x_7	0.324	-0.479	0.195	0.184	0.035	-0.053	1.000				
x_8	0.216	-0.684	-0.134	0.397	0.076	-0.114	0.396	1.000			
x_9	0.286	-0.635	-0.175	0.521	0.099	-0.149	0.353	0.761	1.000		
x_{10}	-0.496	0.684	0.307	-0.298	-0.057	0.085	-0.146	-0.435	-0.571	1.000	
y	-0.091	0.326	0.134	-0.614	-0.277	-0.250	-0.044	-0.493	-0.475	0.283	1.000

y(塗着率) を反応変数とし，制御対象となる処理変数としては x_4(吹付距離) を用いた場合と x_1(希釈率) を用いた場合の 2 通りを考える．まず，x_4(吹付距離) の場合から述べよう．制御のための変数集合としては，x_8(塗料温度)，x_9(温度)，x_{10}(湿度) の任意の組み合わせを考える．次からの計算では多変量正規分布を仮定している．制御のための変数集合ごとに，吹付距離に対する最適な線形条件付き介入を行ったときの塗着率の分散を表 7.2 に示す．識別のための変数集合が必要な場合にはそれも併記している．また，表 7.2 の最後の行は，無条件介入をしたときの結果である．ここで，$Var(Y) = 1$ に基準化されている．

x_4(吹付距離) に対する最適な線形条件付き介入では，x_9(温度) を含む変数集合を制御のための変数集合にしていれば，これらは (吹付距離, 塗着率) につい

7.2 条件付き介入の適応制御への応用

てバックドア基準を満たすので，系 7.1 より，適応制御による塗着率の分散は 1 以下であることが保証されており，実際その通りになっている．一方，x_9(温度) を含まない変数集合を制御のための変数集合にすると，それらはバックドア基準を満たさない．しかし，表 7.1 に示す相関係数の値より，(7.16) 式左辺にあるパラメータを計算すると，x_4(吹付距離) と y(塗着率) の擬似相関の 2 乗が相関係数の 2 乗よりも小さいことがわかる．よって，定理 7.4 より，このときの塗着率の分散が 1 以下であることが保証され，その通りの結果になっている．分散の最小値は，制御のための変数集合が x_8(塗料温度) を含む 4 つのケースで達成されている．一方，$\{x_{10}(湿度)\}$ を制御のための変数集合にすると，無条件介入の場合と大差がなくなることが観察される．

表 7.2 吹付距離に対する最適な線形条件付き介入による結果

制御のための変数集合	識別のための変数集合	分散
{ 塗料温度 }	{ 温度 }	0.549
{ 温度 }		0.590
{ 湿度 }	{ 温度 }	0.618
{ 塗料温度, 温度 }		0.549
{ 塗料温度, 湿度 }	{ 温度 }	0.549
{ 湿度, 温度 }		0.590
{ 塗料温度, 湿度, 温度 }		0.549
	{ 温度 }	0.635

表 7.3 希釈率に対する最適な線形条件付き介入による結果

制御のための変数集合	識別のための変数集合	分散
{ 塗料温度 }	{ 湿度 }	0.759
{ 温度 }	{ 湿度 }	0.773
{ 湿度 }		0.917
{ 塗料温度, 温度 }	{ 湿度 }	0.732
{ 塗料温度, 湿度 }		0.748
{ 湿度, 温度 }		0.771
{ 塗料温度, 湿度, 温度 }		0.730
	{ 湿度 }	1.016

次に，x_1(希釈率) を処理変数にした場合の結果を表 7.3 に示す．このときは，x_{10}(湿度) を含む変数集合を制御のための変数集合にしていれば，系 7.1 より，

適応制御での塗着率の分散は 1 以下であることが保証される．しかしながら，結果として，$\{x_{10}(湿度)\}$ は必ずしもよい制御のための変数集合でないことが表 7.3 よりわかる．分散の最小値は，制御のための変数集合を { 塗料温度，湿度，温度 } としたときに達成されている．

このように，処理変数を与えたときの最適な線形条件付き介入による反応変数の分散は，制御のための変数集合に強く依存するので，本節で与えた方式により適切な適応制御の設計を行うことが望まれる．

7.3 同時介入効果とその識別可能性

7.3.1 ノンパラメトリックな定義

6.4 節や前節で用いた「ボディ塗装条件の設定」の例に見られるように，処理変数が複数ある状況は珍しくない．このような場合，複数の処理変数に同時に介入操作を行うことが考えられる．Pearl and Robins(1995) は，変数集合 $\boldsymbol{X}$ の各要素に対して介入を行うことを**同時介入**(joint intervention) と呼び，その数学的定義を次のように与えた．なお，$\boldsymbol{X} = \{X_1, X_2, \cdots, X_n\}$ の要素において，X_i は X_{i+1} の非子孫となるように並べられているとする．

【定義 7.2】同時介入効果

因果ダイアグラム G における頂点集合を $V = \{X_1, X_2, \cdots, X_n, Y, Z_1, Z_2, \cdots, Z_p\}$ とする．ここで $\boldsymbol{X} = \{X_1, X_2, \cdots, X_n\}$ とするとき

$$f(y|\,set(\boldsymbol{X} = \boldsymbol{x})) = \int \cdots \int \frac{f_V(x_1, \cdots, x_n, y, z_1, \cdots, z_p)}{\prod_{i=1}^{n} f_{i \cdot pa}(x_i|\,pa(x_i))} \, dz_1 \cdots dz_p \tag{7.29}$$

を $\boldsymbol{X}$ の Y への**同時介入効果**という． □

この定義は，単一変数に対する介入効果と本質的に変わらない．(7.29) 式は，グラフ G 上で，$X_1, X_2, \cdots, X_n$ に入る矢線をすべて取り除き，外的操作により $X_i = x_i$ としたときの $(1 \leq i \leq n)$，反応変数 Y の周辺密度関数である．

7.3.2 識別可能条件 (その1)

単一変数の場合と同様に，一般に，同時介入効果を識別するには，$\boldsymbol{X}$ と Y 以外の変数の観測が必要になる．Pearl and Robins(1995) は，同時介入効果が識別可能になる十分条件として，次の定義と定理を与えた．

【定義 7.3】**許容性基準**

因果ダイアグラム G において，$\boldsymbol{X} = \{X_1, X_2, \cdots, X_n\}$ の各頂点から Y への有向道があるとする．頂点集合 $Z = Z_1 \cup Z_2 \cup \cdots \cup Z_n$ が次の2条件を満足するとき，Z は $(\boldsymbol{X}, Y)$ について**許容性基準**を満たすという．

1) $1 \leq i \leq n$ なる任意の i において，頂点集合 Z_i は $X_i, \cdots, X_n$ の非子孫からなる頂点の集合である．
2) $1 \leq i \leq n$ なる任意の i で，因果ダイアグラム G より $X_{i+1}, \cdots, X_n$ に入る矢線と X_i から出る矢線を除いたグラフにおいて，$\{X_1, \cdots, X_{i-1}\} \cup Z_1 \cup \cdots \cup Z_i$ は X_i と Y を有向分離する． □

この許容性基準は，バックドア基準の同時介入版 であることがわかる．このとき，Z_i は X_i に対応して与えられていることに注意する．Z_i は空集合であることもある．

【定理 7.6】**許容性基準を満たすときの同時介入効果の表現**

因果ダイアグラム G において，$(\boldsymbol{X}, Y)$ について許容性基準を満たす変数集合 Z が $\boldsymbol{X}, Y$ とともに観測されていれば，$\boldsymbol{X}$ の Y への同時介入効果は識別可能であり

$$\begin{aligned}
&f(y \mid set(\boldsymbol{X} = \boldsymbol{x})) \\
&= \int \cdots \int f_{Y \cdot XZ}(y \mid x_1, \cdots, x_n, z_1, \cdots, z_n) \\
&\quad \times \prod_{i=1}^n f_{Z_i \cdot XZ}(z_i \mid z_1, \cdots, z_{i-1}, x_1, \cdots, x_{i-1}) \, dz_1 \cdots dz_n \quad (7.30)
\end{aligned}$$

で与えられる．(7.30) 式で，$z_1, \cdots, z_n$ は一般にはベクトル変数である． □

【例 7.6】 図 7.3 に示す因果ダイアグラムを考えよう．ここで Z_1 は，X_2 へ入る矢線と X_1 から出る矢線を除いたグラフで X_1 と Y を有向分離する．また

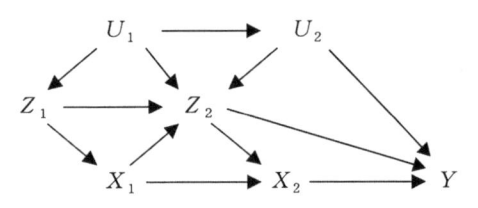

図 7.3 許容性基準を説明する因果ダイアグラム

$\{X_1, Z_1, Z_2\}$ は, X_2 から出る矢線を除いたグラフで X_2 と Y を有向分離する. よって, $\boldsymbol{X} = \{X_1, X_2\}$ としたとき, $\boldsymbol{Z} = \{Z_1, Z_2\}$ は $(\boldsymbol{X}, Y)$ について許容性基準を満たす. このとき, $\boldsymbol{X}$ の Y への同時介入効果は

$$f(y|\,set(X_1=x_1, X_2=x_2)) = \int\int f_{Y \cdot XZ}(y|x_1, x_2, z_1, z_2) \\ \times f_{Z_1}(z_1) f_{Z_2 \cdot Z_1 X_1}(z_2|z_1, x_1) dz_1 dz_2 \quad (7.31)$$

と表現される. □

7.3.3 識別可能条件 (その 2)

第 5 章において, 介入効果が識別可能となる十分条件として, **バックドア基準**と**フロントドア基準**があると述べた. 前述の**許容性基準**はバックドア基準の同時介入版である. 実は, フロントドア基準の同時介入版もある. それを与えたのが Kuroki and Miyakawa(1999) である.

【定義 7.4】**拡張フロントドア基準**

因果ダイアグラム G において, $\boldsymbol{X} = \{X_1, X_2, \cdots, X_n\}$ の各頂点から Y への有向道があるとする. 頂点集合 $\boldsymbol{Z} = \{Z_1, Z_2, \cdots, Z_n\}$ が次の 4 条件を満足するとき, $\boldsymbol{Z}$ は $(\boldsymbol{X}, Y)$ について**拡張フロントドア基準**を満たすという.

1) Z_i は, X_{i+1} の非子孫であり, かつ, Z_{i+1} の非子孫である.
2) $\boldsymbol{X} = \{X_1, X_2, \cdots, X_n\}$ は $(\boldsymbol{Z}, Y)$ について許容性基準を満たす.
3) X_i から Y へのすべての有向道の途中に $\{X_{i+1}, \cdots, X_n, Z_1, \cdots, Z_n\}$ の要素がある.
4) $1 \le j \le i$ なる任意の j で, 因果ダイアグラム G より $X_{j+1}, \cdots, X_i$ に入る矢線を除いたグラフにおいて, X_j から Z_i へのすべてのバックドアパスを $\{Z_1, \cdots, Z_{i-1}, X_1, \cdots, X_{j-1}, X_{j+1}, \cdots, X_i\}$ がブロックする. □

この定義は原論文通りに，$Z_1, Z_2, \cdots, Z_n$ がそれぞれ単一変数の場合で記述したが，許容性基準と同様に，それぞれが変数集合 $Z = Z_1 \cup Z_2 \cup \cdots \cup Z_n$ の場合にも拡張できる．

【定理 7.7】拡張フロントドア基準を満たすときの同時介入効果の表現

因果ダイアグラム G において，(X, Y) について拡張フロントドア基準を満たす変数集合 $Z = \{Z_1, Z_2, \cdots, Z_n\}$ が X, Y とともに観測されていれば，X の Y への同時介入効果は識別可能であり

$$\begin{aligned}
&f(y|\,set(\boldsymbol{X} = \boldsymbol{x})) \\
&= \int \cdots \int \prod_{i=1}^{n} f_{Z_i \cdot XZ}(z_i|\,x_1, \cdots, x_i, z_1, \cdots, z_{i-1}) \\
&\quad \times \int \cdots \int f_{Y \cdot XZ}(y|\,x'_1, \cdots, x'_n, z_1, \cdots, z_n) \\
&\quad \times \prod_{i=1}^{n} f_{X_i \cdot XZ}(x'_i|\,x'_1, \cdots, x'_{i-1}, z_1, \cdots, z_{i-1})\, dx'_1 \cdots dx'_n\, dz_1 \cdots dz_n
\end{aligned} \tag{7.32}$$

で与えられる． □

(7.32) 式右辺で，x_i は介入により固定した値を，x'_i は積分での引数をそれぞれ意味している．定理の証明は省略する．

【例 7.7】 図 7.4 に示す因果ダイアグラムを考えよう．

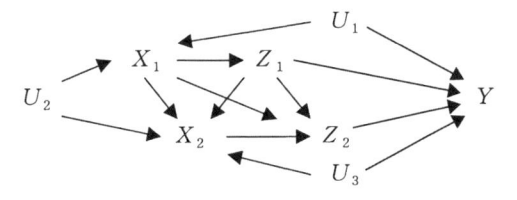

図 7.4 拡張フロントドア基準を説明する因果ダイアグラム

$\{Z_1, Z_2\}$ が (X, Y) について拡張フロントドア基準を満たしていることを確認されたい．定理 7.7 より，$\boldsymbol{X} = \{X_1, X_2\}$ への同時介入効果は

$$f(y|\,set(X_1 = x_1, X_2 = x_2))$$

$$= \int \cdots \int f_{Y \cdot XZ}(y|x'_1, x'_2, z_1, z_2) f_{X_2 \cdot XZ}(x'_2|x'_1, z_1)$$
$$\times f_{X_1}(x'_1) f_{Z_2 \cdot XZ}(z_2|x_1, x_2, z_1) f_{Z_1 \cdot X}(z_1|x_1) \, dx'_1 dx'_2 \, dz_1 dz_2 \quad (7.33)$$

と表現される.なお,この例で興味深いのは,$\{Z_1, Z_2\}$ が (X_1, Y) についてフロントドア基準を満たしていないことである.よって,(X_1, Y) とともに $\{Z_1, Z_2\}$ を観測しても,$f(y| \, set(X_1 = x_1))$ は識別可能でない.その一方で (7.33) 式左辺は識別可能なのである.この点で,拡張フロントドア基準はフロントドア基準の自明な拡張ではない. □

7.4　回帰モデルによる同時介入効果の推論

7.4.1　線形構造方程式モデルでの同時介入効果の表現

前節では,同時介入効果をノンパラメトリックに論じた.この節では,より具体的に線形構造方程式モデルのもとで議論する.

6.1 節では,外的操作の対象となる処理変数がひとつのときに,回帰分析を用いて推定される**偏回帰係数**が**直接効果**あるいは**総合効果**を意味するための十分条件を紹介した.一方で,同時介入を行ったときの反応変数 Y の平均を推定するために回帰分析を用いるとき,そこに現れる偏回帰係数がどのような意味をもつかは決して自明でなく,実はかなり複雑である.まず本項では,この Y の平均が線形構造方程式モデルのパス係数によってどのように記述されるかを明らかにし,次項で回帰モデルでのパラメータとの関係を示す.本節の議論は黒木,宮川 (2002) に基づくものである.

変数集合を $V = \{X_1, X_2, \cdots, X_p\}$ とし,線形構造方程式モデルとして

$$X_i = \sum_{X_j \in pa(X_i)} \alpha_{ij} X_j + \varepsilon_i \quad (i = 1, 2, \cdots, p) \quad (7.34)$$

を想定する.これが (5.1) 式の特別な場合であることを確認されたい.ここに,V の要素 $X_1, X_2, \cdots, X_p$ はすべて平均 0,分散 1 に基準化されているとし,誤差変数 $\varepsilon_1, \varepsilon_2, \cdots, \varepsilon_p$ はたがいに独立にそれぞれ正規分布にしたがうとする.

まず,2.1 節で行った変数の分類に対応させて,変数集合 V を次の 4 つの部

分集合に分割する．

X_1：内生変数 (G において入る矢線のある変数) で，外的操作の対象となる n_1 個の変数からなる集合

X_2：外生変数 (G において入る矢線のない変数) で，外的操作の対象となる n_2 個の変数からなる集合

X_3：内生変数で，外的操作の対象でない n_3 個の変数からなる集合 (反応変数 Y はこの集合に含まれる)

X_4：外生変数で，外的操作の対象でない n_4 個の変数からなる集合

この分類において，X_1 と X_2 が外的操作の対象となる処理変数の集合である．これに対して，共変量は X_3 もしくは X_4 に含まれる．さらに，中間特性と反応変数は X_3 に含まれる．外的操作の対象でない処理変数は X_3 もしくは X_4 に含まれている．

X_j の各要素から X_i の各要素へのパス係数を要素にもつ $n_i \times n_j$ の行列を A_{ij} とする．このとき，(7.34) 式は次のようにベクトル行列表現できる．

$$\begin{pmatrix} X_1 \\ X_3 \end{pmatrix} = \begin{pmatrix} A_{11} & A_{13} \\ A_{31} & A_{33} \end{pmatrix} \begin{pmatrix} X_1 \\ X_3 \end{pmatrix} + \begin{pmatrix} A_{12} & A_{14} \\ A_{32} & A_{34} \end{pmatrix} \begin{pmatrix} X_2 \\ X_4 \end{pmatrix} + \begin{pmatrix} \varepsilon_1 \\ \varepsilon_3 \end{pmatrix} \quad (7.35)$$

ここで，$X_1 \cup X_2$ に対して同時介入を行うことを考える．この同時介入は，変数集合 $X_1 \cup X_2$ の要素を右辺にもつ線形構造方程式で，それらの変数を定数に置き換えることを意味する．よって，同時介入を行った後の線形構造方程式モデルは，整理することで

$$X_3 = A_{33} X_3 + \begin{pmatrix} A_{31} & A_{32} & A_{34} \end{pmatrix} \begin{pmatrix} x_1 \\ x_2 \\ X_4 \end{pmatrix} + \varepsilon_3 \quad (7.36)$$

と記述できる．この (7.36) 式に対して，X_3 についての**誘導形**を求めれば

$$X_3 = (I - A_{33})^{-1} \begin{pmatrix} A_{31} & A_{32} & A_{34} \end{pmatrix} \begin{pmatrix} x_1 \\ x_2 \\ X_4 \end{pmatrix} + (I - A_{33})^{-1} \varepsilon_3 \quad (7.37)$$

を得る.

この (7.37) 式で両辺の期待値をとると

$$E\left[X_3 | set(X_1 = x_1, X_2 = x_2)\right] = (I - A_{33})^{-1} (A_{31}\ A_{32}\ A_{34}) \begin{pmatrix} x_1 \\ x_2 \\ 0 \end{pmatrix}$$

$$= (I - A_{33})^{-1} (A_{31}\ A_{32}) \begin{pmatrix} x_1 \\ x_2 \end{pmatrix} \quad (7.38)$$

となる.ここではこれを**平均に対する同時介入効果**と呼ぶ.

線形構造方程式モデルのもとでは,平均に対する (単一変数への) 介入効果は,(総合効果)×(介入で固定した値) で表現され,実質的にパス解析での**総合効果**と変わらなかった.しかし,平均に対する同時介入効果では,それほど事は単純でない.介入で固定した x_1 と x_2 の線形結合であることは間違いないが,(7.38) 式より,その係数は一般には直接効果でも総合効果でもない.そして,何より重要なことは,X_3 のある要素 (通常は反応変数 Y) への同時介入効果に興味がある場合においても,その要素を目的変数とした単一の回帰モデルのみでは同時介入効果は表現できないことである (次項で改めて述べる).

【例 7.8】図 7.5 に示す因果ダイアグラムを考えよう.図 7.5 で X_6 を反応変数とし,X_2 と X_5 に同時介入したときの X_6 への平均への同時介入効果が,線形構造方程式モデルのパス係数によって,どのように表現されるのかを見ていこう.イメージとしては,同時介入する X_2 と X_5 に入る矢線を取り除いたグラフを考え,そこで X_2 と X_5 をそれぞれ定数とおいたときの X_6 の期待値を考えればよい.

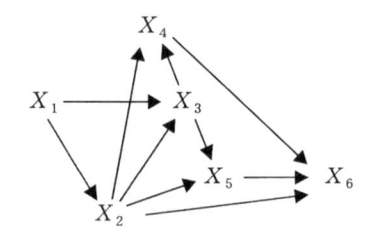

図 7.5 平均に対する同時介入効果を説明する因果ダイアグラム

それは

$$E\left[X_6|\,set(X_2=x_2),set(X_5=x_5)\right] = (\alpha_{62}+\alpha_{42}\alpha_{64}+\alpha_{32}\alpha_{43}\alpha_{64})x_2+\alpha_{65}x_5$$

となる． □

7.4.2 許容性基準を満たすときの回帰モデルとの関係

前項では，線形構造方程式モデルの枠組みにおいて，平均に対する同時介入効果がパス係数によってどのように記述されるかを示した．ここでは，因果ダイアグラム G において，$(\boldsymbol{X},Y)$ に対して許容的な変数集合 Z が $\boldsymbol{X}$,Y とともに観測されているときに，回帰モデルを用いて同時介入効果を推測する方法論を述べる．

ここで定理 7.6 の (7.30) 式を見直せば，被積分関数は $\boldsymbol{X}$ に同時介入を行ったときの変数集合 $\{Y\}\cup Z$ の同時分布の逐次的因数分解である．この逐次的因数分解の各条件付き分布に対応する回帰モデルから構成された次の連立回帰モデルを考える．

$$\begin{pmatrix} Y \\ Z \end{pmatrix} = B_1 \begin{pmatrix} y \\ z \end{pmatrix} + B_2 \boldsymbol{x} + \boldsymbol{\varepsilon}^* \tag{7.39}$$

ここに $Z=(Z_n,Z_{n-1},\cdots,Z_1)^T$, $\boldsymbol{x}=(x_n,x_{n-1},\cdots,x_1)^T$ である．この表現は，右辺に y が登場するなど，連立回帰モデルをベクトル行列表示するため，かなり形式的な表現になっている．いま，Y を目的変数とし，$x_1,\cdots,x_n$ と $z_1,\cdots,z_n$ を説明変数にした回帰モデルにおける x_j の偏回帰係数を $\beta_{yx_j\cdot xz}$, z_j の偏回帰係数を $\beta_{yz_j\cdot xz}$ と表記する．同様に，Z_i を目的変数とし，$x_1,\cdots,x_{i-1}$ と $z_1,\cdots,z_{i-1}$ を説明変数にした回帰モデルにおける x_j の偏回帰係数を $\beta_{z_ix_j\cdot xz}$, z_j の偏回帰係数を $\beta_{z_iz_j\cdot xz}$ と表記する．ここで添え字の範囲は，$2\leq i\leq n$, $1\leq j\leq i-1$ であることに注意する．すると，(7.39) 式での B_1 は

- 対角成分はすべて 0
- 左下の非対角成分はすべて 0
- 右上の非対角成分は，第 1 行目が $\beta_{yz_j\cdot xz}(j=n,n-1,\cdots,1)$ で第 2 行目から第 n 行目までは $\beta_{z_iz_j\cdot xz}(i=n,n-1,\cdots,2;\,j=n-1,\cdots,1)$

という $(n+1)$ 次の行列となる．同様に，(7.39) 式の B_2 は
- 左下の非対角成分はすべて 0
- 対角成分と右上の非対角成分は，第 1 行目が $\beta_{yx_j\cdot xz}(j=n,n-1,\cdots,1)$ で第 2 行目から第 n 行目までは $\beta_{z_ix_j\cdot xz}(i=n,n-1,\cdots,2;\ j=n-1,\cdots,1)$

という $(n+1)\times n$ の行列になる．

【例 7.9】図 7.3 の因果ダイアグラムで，行列 B_1 と B_2 がそれぞれどのように表現されるかを見てみよう．既に例 7.6 で述べたように，$Z=\{Z_1,Z_2\}$ は $(\boldsymbol{X},Y)$ について許容性基準を満たしている．よって

$$B_1 = \begin{pmatrix} 0 & \beta_{yz_2\cdot x_1x_2z_1} & \beta_{yz_1\cdot x_1x_2z_2} \\ 0 & 0 & \beta_{z_2z_1\cdot x_1} \\ 0 & 0 & 0 \end{pmatrix},\ B_2 = \begin{pmatrix} \beta_{yx_2\cdot x_1z_1z_2} & \beta_{yx_1\cdot x_2z_1z_2} \\ 0 & \beta_{z_2x_1\cdot z_1} \\ 0 & 0 \end{pmatrix}$$

となる．偏回帰係数の添え字が，平均に対する同時介入効果を求めるためにどのような回帰分析をすればよいかを如実に物語っている．　□

以上の準備をもとに，次の定理が成り立つ．

【定理 7.8】回帰モデルでの平均に対する同時介入効果の表現

因果ダイアグラム G において，変数集合 Z が $(\boldsymbol{X},Y)$ について許容的であるとする．$\boldsymbol{X},Y,Z$ が多変量正規分布にしたがうとき，$\boldsymbol{X}$ による Y の同時介入効果はベクトル

$$E\left[\begin{pmatrix} Y \\ Z \end{pmatrix}\bigg| set(\boldsymbol{X}=\boldsymbol{x})\right] = (I-B_1)^{-1}B_2\boldsymbol{x} \tag{7.40}$$

の第 1 要素で与えられる．　□

（定理 7.8 の証明）

(7.39) 式より，誘導形を導けば

$$\begin{pmatrix} Y \\ Z \end{pmatrix} = (I-B_1)^{-1}B_2\boldsymbol{x} + (I-B_1)^{-1}\boldsymbol{\varepsilon}^*$$

であり，両辺の期待値をとれば題意を得る．　□

7.4.3 適 用 例

6.4 節と 7.2.5 項で用いたボディ塗装データをここでも使う．処理変数として
- 希釈率
- 粘度
- ガンスピード
- 吹付距離
- エアー圧
- パターン幅

の 6 つがあった．これらの単独の総合効果は表 6.3 に示した通りである．ここでは，総合効果の小さいガンスピードを除いた任意の 2 変数を取り上げ，それらに同時介入したときの Y(塗着率) の平均への同時介入効果を求めた．結果を表 7.4 に示す．なお，表 7.4 での x_i は変数名でなく，介入によって固定した値であることを注意しておく．

表 7.4 より以下の知見を得る．{ 吹付距離，エアー圧 } のように外的操作の対象となる処理変数が先祖－子孫の関係にあるときには，子孫にかかる係数は総合効果と一致するが，先祖にかかる係数は総合効果と異なる．特に，{ 希釈率，粘度 } のように，希釈率から塗着率へのすべての有向道の上に粘度がある場合は，希釈率の係数は 0 になる．また，{ 吹付距離，パターン幅 } に同時介入したときの係数はそれぞれ直接効果に一致している．一方，{ 希釈率，吹付距離 } のように処理変数間に先祖－子孫の関係がないときには，それぞれの係数は総合効果に一致している．

表 7.4 塗着率の平均への同時介入効果

処理変数集合	許容性基準集合	平均
{ 希釈率, 粘度 }	{ 塗料温度, 湿度 }	$0x_1 - 0.124x_2$
{ 希釈率, 吹付距離 }	{ 温度, 湿度 }	$0.065x_1 - 0.502x_4$
{ 希釈率, エアー圧 }	{ 吹付距離, 湿度 }	$0.065x_1 - 0.166x_5$
{ 希釈率, パターン幅 }	{ 吹付距離, 湿度 }	$0.065x_1 - 0.464x_6$
{ 粘度, 吹付距離 }	{ 塗料温度, 温度, 湿度 }	$-0.124x_2 - 0.502x_4$
{ 粘度, エアー圧 }	{ 吹付距離, 塗料温度, 湿度 }	$-0.124x_2 - 0.166x_5$
{ 粘度, パターン幅 }	{ 吹付距離, 塗料温度, 湿度 }	$-0.124x_2 - 0.464x_6$
{ 吹付距離, エアー圧 }	{ 温度 }	$-0.471x_4 - 0.166x_5$
{ 吹付距離, パターン幅 }	{ 温度 }	$-0.635x_4 - 0.464x_6$
{ エアー圧, パターン幅 }	{ 吹付距離 }	$0x_5 - 0.464x_6$

分散に対する同時介入効果についても同様な議論ができる．それについては黒木，宮川 (2002) を参照してほしい．

8

非巡回的有向独立グラフの復元

8.1 独立性・条件付き独立性からの復元

8.1.1 非巡回的有向独立グラフの基本的性質

　この節では，観測変数の同時分布がある非巡回的有向独立グラフにしたがっていると仮定できるものの，その非巡回的有向独立グラフが未知なときに，観測される変数間の独立性・条件付き独立性に関する情報 (量的変数で多変量正規分布を仮定していれば，単相関と偏相関に関する情報) から，非巡回的有向独立グラフを <u>可能な限り復元する手段</u> について論じる．4.4 節で，**忠実性**と**観察的同値性**の定義を与えた．この節での議論は，忠実性を仮定して観察的同値なグラフを探索するアルゴリズムに関するものである．

　まず，非巡回的有向独立グラフで成立している基本的性質を復習しよう．定理 4.3 に与えた局所的マルコフ性より次のことがいえる．

1) 非巡回的有向独立グラフにおいて，X_i と X_j の間に矢線がなければ，X_i と X_j はある変数集合 (空集合のこともある) を与えたとき条件付き独立になる．

　また，観測される変数の同時分布が <u>非巡回的有向独立グラフに忠実</u> であれば，次の性質が成り立つ．

2) 非巡回的有向独立グラフにおいて，X_i と X_j の間に矢線があれば，X_i と X_j は任意の変数集合を与えたとき条件付き独立にならない．

3) 非巡回的有向独立グラフにおいて，$X_i \to X_k \leftarrow X_j$ という V 字合流があれば，X_i と X_j は，X_k を含む任意の変数集合を与えたとき条件付き独立にならない．

4) 非巡回的有向独立グラフの矢線を無向の辺に置き換えた無向グラフで, $X_i - X_k - X_j$ という X_i と X_j が隣接していない道があり, X_k がもとの非巡回的有向独立グラフにおいて V 字合流点でなければ, X_i と X_j は X_k を含むある変数集合を与えたとき条件付き独立になる.

この 4 つの性質をもとに, 非巡回的有向独立グラフ (DAG) を復元するアルゴリズムが構成される.

8.1.2 SGS アルゴリズム

まず, Spirtes, Glymour, and Scheines(1990) が与えた SGS アルゴリズムを説明する. 全変数集合を $V = \{X_1, X_2, \cdots, X_p\}$ とする. V の同時分布の背後には, ある非巡回的有向独立グラフ G が存在し, その分布はグラフ G に忠実であると仮定する.

【SGS アルゴリズム】
1) 頂点集合が V である完全無向グラフ H を初期解として設定する.
2) V からの任意の変数対 (X_i, X_j) が, $V \setminus \{X_i, X_j\}$ のある部分集合 S (空集合のこともある) を与えたとき条件付き独立であれば, 完全グラフ H より X_i と X_j の間の辺を除去する. この結果, 得られた無向グラフを K とする.
3) K において, $X_i - X_k - X_j$ という構造 (X_i と X_j は隣接していない) があるとき, X_k を含む頂点集合 S^* で, X_i と X_j が S^* を与えたとき条件付き独立となるような S^* が存在しないとき, $X_i \to X_k \leftarrow X_j$ という矢印をつける.
4) K にいくつかの矢印が加わったグラフにおいて, $X_i \to X_k - X_j$ という構造があり, X_i と X_j が隣接していないならば, $X_k \to X_j$ と矢印をつける.
5) K にいくつかの矢印が加わったグラフにおいて, X_i から X_j に有向道があり, かつ, X_i と X_j の間に無向の辺があれば, その辺に $X_i \to X_j$ と矢印をつける.

この 4) と 5) を, 矢印をつける辺がなくなるまで続ける. なお, 2) において, 部分集合 S の選択順序は無作為に行う. □

8.1 独立性・条件付き独立性からの復元

以上がSGSアルゴリズムである．このアルゴリズムの2）と3）は，前項に述べた非巡回的有向独立グラフのマルコフ性と忠実性の仮定より直ちに導けるものである．一方，4）と5）の妥当性は**オリエンテーション・ルール**として示されており，これについては次項で述べる．SGSアルゴリズムの適用で得られるような矢線と無向の辺が混在したグラフを**部分的矢線**グラフと呼ぶ．ここでは，まず，SGSアルゴリズムの適用例を見ていこう．

【例 8.1】 図 4.1 に示した非巡回的有向独立グラフが背後に潜んでいる場合を想定する．1) では，5変数を頂点集合とする完全無向グラフを初期設定する．2) では，まず，X_1 と X_2 との間の辺の有無を判定する．このとき

$X_1 \perp\!\!\!\perp X_2 \mid (X_3, X_4, X_5)$

$X_1 \perp\!\!\!\perp X_2 \mid (X_3, X_4)$

$X_1 \perp\!\!\!\perp X_2 \mid (X_3, X_5)$

$X_1 \perp\!\!\!\perp X_2 \mid (X_4, X_5)$

$X_1 \perp\!\!\!\perp X_2 \mid X_3$

$X_1 \perp\!\!\!\perp X_2 \mid X_4$

$X_1 \perp\!\!\!\perp X_2 \mid X_5$

$X_1 \perp\!\!\!\perp X_2$

をランダムな順序で判定する．どれかひとつでも成立していれば，その段階で X_1 と X_2 との間の辺を削除する．仮に上から順番に判定していったとすると，図 4.1 では，$X_1 \perp\!\!\!\perp X_2 \mid X_4$ のところで初めて辺が削除される．

他の変数対についても同様の判定を行ったとすると，1) と 2) の結果として，図 8.1 に示すような無向グラフ K を得る．このグラフ K は，もとの非巡回的有向独立グラフの矢線を辺に置き換えたものに他ならない．なお，この判定は現実には統計的に行われるが，ここでは検定において第 1 種の誤りも第 2 種の誤りも起こらないという理想的状況を仮定している．

次に 3) に進む．図 8.1 で $X_i - X_k - X_j$ という構造（X_i と X_j は隣接していない）を列挙すると

$$X_2 - X_3 - X_1 \quad X_3 - X_1 - X_4 \quad X_1 - X_4 - X_5$$

$$X_1 - X_3 - X_5 \quad X_2 - X_3 - X_5 \quad X_3 - X_5 - X_4$$

と 6 つある．ここでたとえば $X_3 - X_1 - X_4$ においては，$X_3 \perp\!\!\!\perp X_4 \mid X_1$ が

$$X_2 — X_3 — X_1 — X_5 — X_4$$ (図)

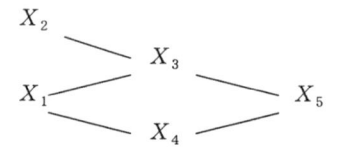

図 8.1 SGS アルゴリズムで得られる無向グラフ
（図 4.1 に対応している）

成り立つので，この道が V 字合流でないと判定できる．また，$X_1 - X_3 - X_5$ では，$X_1 \perp\!\!\!\perp X_5 \mid X_3$ は成り立たないが，$X_1 \perp\!\!\!\perp X_5 \mid (X_3, X_4)$ が成り立つので，これも V 字合流でないことが認識できる．これに対し，$X_2 - X_3 - X_1$ では

$$X_2 \perp\!\!\!\perp X_1 \mid X_3 \qquad X_2 \perp\!\!\!\perp X_1 \mid (X_3, X_4)$$
$$X_2 \perp\!\!\!\perp X_1 \mid (X_3, X_5) \qquad X_2 \perp\!\!\!\perp X_1 \mid (X_3, X_4, X_5)$$

のいずれも成り立たないことから，この道が V 字合流であると認識できる．このようにして，$X_2 - X_3 - X_1$ と $X_3 - X_5 - X_4$ が V 字合流であることが，変数間の独立性・条件付き独立性の情報のみからわかる．V 字合流については，無向の辺を矢線に変えることができる．この手続きを行った結果を示したものが図 8.2 である．

SGS アルゴリズムでは，さらに 4)，5) と進むのであるが，この図 8.2 の部分的矢線グラフでは，残念ながら 4) と 5) の出番はない．つまり，4) と 5) によって矢印が加わる箇所がない．実際，X_1 と X_4 を結ぶ辺にどちら向きの矢印をつけても，グラフ全体で成立している独立性・条件付き独立性は同じである．すなわち，それらは観察的に同値である． □

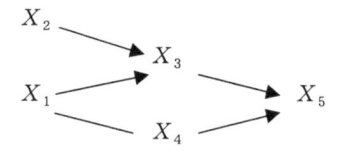

図 8.2 SGS アルゴリズムで得られる部分的矢線グラフ
（図 4.1 に対応している）

8.1.3 オリエンテーション・ルール

説明の順序が逆になってしまったが，SGS アルゴリズムでの 4) と 5) の妥当性を示しているのが，Verma and Pearl(1992) が与えたオリエンテーション・

ルールである．

【定理 8.1】オリエンテーション・ルール

ある部分的矢線グラフが与えられたとき，次の 3 つのルールにより，G の矢線を付加的に識別することができる．

ルール 1：部分的矢線グラフでの 3 つの頂点 X, Y, Z において，X から Y へ矢線があり，Y と Z が無向の辺で隣接し，かつ，X と Z の間に辺も矢線もないならば，Y から Z へ矢印をつける．

ルール 2：部分的矢線グラフでの 3 つの頂点 X, Y, Z において，X から Y へ，Y から Z へそれぞれ矢線があり，X と Z が無向の辺で隣接するならば，X から Z へ矢印をつける．

ルール 3：部分的矢線グラフでの 4 つの頂点 X, Y, Z, W において，Y と W からそれぞれ Z へ矢線があり，X と Y, Z, W がそれぞれ無向の辺で隣接するならば，X から Z へ矢印をつける． □

このオリエンテーション・ルールを説明しているのが図 8.3 である．前述の SGS アルゴリズムは，ルール 1 とルール 2 を採用していたことになる．

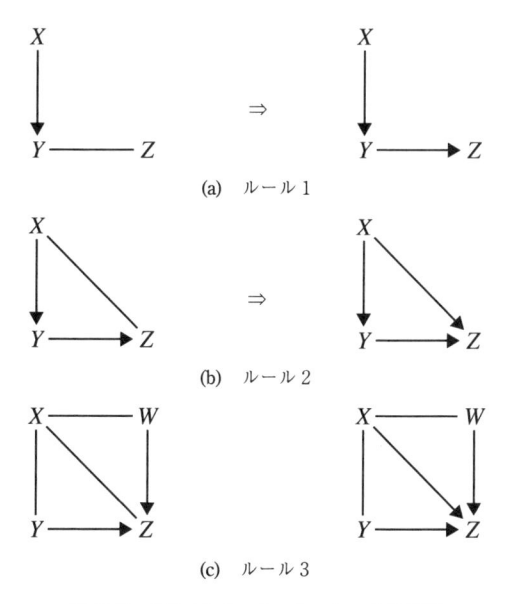

(a) ルール 1

(b) ルール 2

(c) ルール 3

図 8.3 オリエンテーション・ルールの説明

(定理 8.1 の証明)

● ルール 1 の証明

いま,背後に非巡回的有向独立グラフがあることを仮定しているので,Y と Z の間の辺は,矢線の存在を意味する.ここで,もし,Z から Y への矢線があったとすると,Y が V 字合流点になる.V 字合流点ならば,それはマルコフ性と忠実性より既に認識されているはずなので,Y は V 字合流点でない.よって,Y から Z への矢印が確定する.

● ルール 2 の証明

背後にある非巡回的有向グラフにおいて,Z から X への矢線があったとすると,X, Y, Z が巡回閉路を形成するので,非巡回的という仮定に反する.よって,X から Z への矢印が確定する.

● ルール 3 の証明

Y から Z への矢線と W から Z への矢線は,Z が Y と W に対する V 字合流点であることより既に認識されている.いま,X と Z の間の辺が Z から X への矢線であったとする.このときの X と W の辺の向きを考えると,非巡回的であるためには W から X への矢印でないといけない.同様な理屈で,X と Y の間の辺も Y から X への矢印でないといけない.すると,X が W と Y に対する V 字合流点となるから,これは既に認識されていなければならない.よって,X と Z の間の辺については,X から Z への矢印が確定する. □

【例 8.2】図 8.4 に示す例でオリエンテーション・ルールの効用を考察しよう.背後にある非巡回的有向独立グラフが図 8.4(a) であるとする.すると,X_3 が V 字合流点なので,SGS アルゴリズムの 3) までで図 8.4(b) の部分的矢線グラフを得ている.ここで,ルール 1 を使うと X_3 から X_4 への矢線が確定し,この場合は真の有向グラフが完全に復元する. □

(a) 真の DAG   (b) 部分的矢線グラフ

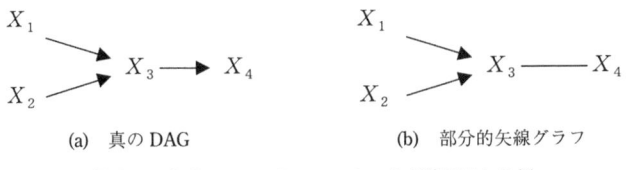

図 8.4 オリエンテーション・ルールが適用される例

上述のように,SGS アルゴリズムではオリエンテーション・ルールのルール 1

と2を使っているが，ルール3は使っていない．すると，これ以外にもルールはあるのかが気になるところである．実は，これ以外の付加的なルールは存在しないことがMeek(1995)によって示されている．よって，観測される独立性・条件付き独立性に関する情報のみから非巡回的有向独立グラフを復元する手段は，V字合流の認識と3つのオリエンテーション・ルールで尽くされている．これらをすべて適用して復元された部分的矢線グラフは**極大な部分的矢線グラフ**と呼ばれる．

8.1.4 PCアルゴリズム

SGSアルゴリズムの欠点は
- オリエンテーション・ルールの3番目を使っていない．
- 2) での変数集合 S の選択方法が無作為で，これが必ずしも効率的でない．

の2点に集約される．この2番目の点，すなわち S の選択手順を少しだけ改良したアルゴリズムとしてPCアルゴリズムがある．これはSGSアルゴリズムと同じ3人の著者Spirtes, Glymour, and Scheines(1991)がSGSの1年後に発表したものである．

頂点集合を V とし，矢線と辺が混在するグラフを C とする．この C はアルゴリズムの過程で更新されていく．グラフ C で頂点 X と隣接している(矢線または辺で結ばれた)頂点の集合を $Ad(C,X)$ と記す．$Ad(C,X)$ もアルゴリズムの過程で更新されていく．また，頂点集合として $\mathrm{Sepset}(X,Y)$ を用意する．

【PCアルゴリズム】
1) 頂点集合を V とする完全無向グラフを C の初期設定とする．
2) $n=0$ と初期設定する．
3) グラフ C で隣接している順序のある頂点対 (X,Y) として，$Ad(C,X)\backslash\{Y\}$ の要素数が n 以上の対を選ぶ．また，$Ad(C,X)\backslash\{Y\}$ の部分集合 S で，要素数が n のものを選ぶ．そして，S を与えたとき X と Y が条件付き独立ならば，X と Y を結ぶ辺を削除し，S の要素を集合 $\mathrm{Sepset}(X,Y)$ の要素として登録する．これを $Ad(C,X)\backslash\{Y\}$ の要素数が n 以上のすべての順序のある頂点対 (X,Y) について行う．
4) 任意の順序のある頂点対 (X,Y) に対して，$Ad(C,X)\backslash\{Y\}$ の要素数が

n 未満ならば，5) へ進む．そうでなければ，$n = n + 1$ と更新して，3) を行う．

5) グラフ C において，$X - Y - Z$ という構造 (X と Z は隣接していない) があり，Sepset(X,Z) の要素に Y がないならば，$X \to Y \leftarrow Z$ と矢印をつける．

以下は，SGS アルゴリズムの 4) と 5) と同様に，オリエンテーション・ルールのルール 1 と 2 を使って矢印をつける． □

以上が PC アルゴリズムである．不思議なことに PC ルールでも，ルール 3 が使われていない．読者が適用される際には，ルール 3 も取り入れるのがよいだろう．

【例 8.3】図 4.1 の非巡回的有向グラフが背後にある場合を想定して，PC アルゴリズムを適用してみよう．

まず $n = 0$ では，2 変数間の独立性を調べることになる．ここで，$X_1 \perp\!\!\!\perp X_2$ と $X_2 \perp\!\!\!\perp X_4$ が認識されるので，これらの間の辺が除かれる．これらの変数対の Sepset はそれぞれ空集合である．

次に $n = 1$ では，1 つの変数を与えたときの，(X_1,X_2) と (X_2,X_4) 以外の変数対の条件付き独立関係を調べる．たとえば，変数対 (X_3,X_4) については

$$X_3 \perp\!\!\!\perp X_4 \mid X_1$$
$$X_3 \perp\!\!\!\perp X_4 \mid X_2$$
$$X_3 \perp\!\!\!\perp X_4 \mid X_5$$

のいずれかが成り立っているかが調べられる．ここで，$X_3 \perp\!\!\!\perp X_4 \mid X_1$ が成り立っているので，X_3 と X_4 を結ぶ辺が削除され，Sepset(X_3,X_4) の要素に X_1 が登録される．

さらに，$n = 2$ では，$X_1 \perp\!\!\!\perp X_5 \mid (X_3,X_4)$ の成立が認識され，Sepset(X_1,X_5) の要素に X_3, X_4 が登録される．この $n = 2$ の段階で，図 8.1 の無向グラフが得られることになる．

次に $n = 3$ に進むが，図 8.1 において既に，3 つの頂点と隣接するような頂点がないので，ここで 4) までが終了する．

5) では，Sepset の要素から V 字合流が認識される．その先は，SGS アルゴリズムと全く同じである． □

8.2 先験情報の利用

8.2.1 先行関係が既知の場合

変数集合 $V = \{X_1, X_2, \cdots, X_p\}$ において，その先行関係が既知の場合における非巡回的有向独立グラフの復元について考える．もともと非巡回的有向グラフは，頂点間の**全順序関係**を与えるものでなく，**半順序関係(位相的順序関係**ともいう)しか与えない．たびたび用いている図 4.1 を例にすれば

$$X_1, X_2, X_3, X_4, X_5$$

という順序関係が成り立つとともに

$$X_2, X_1, X_4, X_3, X_5$$

という順序関係も成り立つ．要は，後置する頂点から前置する頂点への矢線がなければよいのである．

このように，非巡回的有向グラフにしたがう位相的順序関係は一意でないが，そのうちのどれかひとつでも与えられれば，独立性・条件付き独立性に関する情報から非巡回的有向独立グラフは完全に復元する．それを示したのが，Wermuth and Lauritzen(1983) のアルゴリズムである．

もともと，非巡回的有向独立グラフが規定する**局所的マルコフ性**は

$$X \perp\!\!\!\perp nd(X) \backslash pa(X) \mid pa(X)$$

であるから，観測データから得られる独立性・条件付き独立性に関する情報から，これらが成立しているかどうかを統計的に判定していけばよい．しかし条件となる親が何かは，DAG が完成されて初めて認識されるものであるから，この局所的マルコフ性の基準はグラフの復元に直接的には使えない．**大域的マルコフ性**も同様である．その意味で，Wermuth and Lauritzen のアルゴリズムの意義は小さくない．

それによれば，次の手順を踏んでいけば，親を認識できなくとも，独立性・条件付き独立性に関する情報より非巡回的有向独立グラフを復元できる．いま，一般性を失うことなく，ひとつの位相的順序関係が $X_1, X_2, \cdots, X_p$ であるとする．このとき，$i < j$ なる X_i と X_j について

$$X_j \perp\!\!\!\perp X_i | \{X_1, X_2, \cdots, X_j\} \backslash \{X_i, X_j\} \tag{8.1}$$

が成立しているかどうかを判定し，成立していなければ X_i から X_j への矢線を引き，成立していれば矢線を引かない．これをすべての $i < j$ で行う．すなわち

$X_2 \perp\!\!\!\perp X_1$

$X_3 \perp\!\!\!\perp X_1 | X_2 \qquad X_3 \perp\!\!\!\perp X_2 | X_1$

$X_4 \perp\!\!\!\perp X_1 | (X_2, X_3) \quad X_4 \perp\!\!\!\perp X_2 | (X_1, X_3) \quad X_4 \perp\!\!\!\perp X_3 | (X_1, X_2)$

$\vdots$

のそれぞれが成立しているかどうかを，逐次判定していく．

【例 8.4】図 4.1 の非巡回的有向独立グラフに Wermuth and Lauritzen のアルゴリズムを適用してみよう．与えられた位相的順序関係が X_1, X_2, X_3, X_4, X_5 であるとして，(8.1) 式の判定過程において

$$\begin{array}{ll} X_2 \perp\!\!\!\perp X_1 & \\ X_4 \perp\!\!\!\perp X_2 | (X_1, X_3) & X_4 \perp\!\!\!\perp X_3 | (X_1, X_2) \\ X_5 \perp\!\!\!\perp X_1 | (X_2, X_3, X_4) & X_5 \perp\!\!\!\perp X_2 | (X_1, X_3, X_4) \end{array} \tag{8.2}$$

が認識される．ここで，8.1.1 項に述べた基本的性質の 2)「非巡回的有向独立グラフにおいて，X_i と X_j の間に矢線があれば，X_i と X_j は任意の変数集合を与えたとき条件付き独立にならない」の対偶より，これらの独立性・条件付き独立性に基づき図 4.1 が直ちに作成できる．また，(8.2) 式に定理 4.2 と系 4.1 を適用すれば，図 4.1 の局所的マルコフ性である (4.17) 式を導くこともできる．

□

8.2.2 外生変数が既知の場合

すべての変数間の位相的順序関係が未知であっても，ある変数が外生変数であること，すなわち，その変数に入る矢線がないことが先験的に既知ならば，独立性・条件付き独立性の情報のみから復元した**極大な部分的矢線グラフ**に，いくつかの矢印を加えられる可能性がある．たとえば，図 8.5(a) に示す連鎖系が真の非巡回的有向独立グラフであるとする．このとき，いくつもの条件付き独立関係が成り立っているが，V字合流点がないので，得られる極大な部分矢線グラフは図 8.5(b) に示す無向グラフになる．

$$X_1 \longrightarrow X_2 \longrightarrow X_3 \longrightarrow X_4 \qquad X_1 \longrightarrow X_2 \longrightarrow X_3 \longrightarrow X_4$$

(a) (b)

図 8.5 外生変数情報が有用なグラフの例

ここで，もし，X_1 が外生変数であることが先験的にわかっているとしよう．このとき，背後に非巡回的有向独立グラフがあり，そこで両側矢線を許さなければ，図 8.5(b) において X_1 から X_2 へ矢印をつけることができる．すると，オリエンテーション・ルールのルール1より，X_2 から X_3 へも矢印がつく．なぜなら，X_3 から X_2 への矢印があったとすると，X_2 がV字合流点になるから，それは極大な部分的矢線グラフで認識されていなければならないからである．全く同じ理屈で，X_3 から X_4 へも矢印がつくので，X_1 が外生変数であるという情報が加わるだけで，無向グラフから一気に真の非巡回的有向独立グラフが復元する．

これに対して，X_4 が反応変数であること，すなわち，X_4 から出る矢線はないことが予め既知の場合はどうであろうか．このとき，X_3 から X_4 への矢印は確定するが，そこでストップしてしまう．すなわち，X_2 と X_3 との間の辺にいずれの向きの矢印をつけても，V字合流点は発生しないので矛盾しない．よって，そこでの矢印は確定しない．

図 8.5(a) に示した連鎖系のように，外生変数が既知であることで，真の DAG が完全に復元されるという性質をもつグラフは，次のように特徴付けることができる．これは Kuroki, Kikuchi and Miyakawa(2001) が与えた結果である．

まず，準備として若干のグラフ用語を定義する．4.2.1 項の続きとして読ん

でほしい．無向グラフで，任意の異なる頂点対において，その頂点対を結ぶ道がただひとつ存在するとき，そのグラフは**木**(tree) であるという．すべての頂点が連結しているとき，そのグラフは**連結グラフ**であるという．非連結グラフにおいては，連結グラフをなす極大な部分グラフの頂点集合を**連結成分**という．無向グラフの連結成分がすべて木をなすとき，そのグラフは**森**(forest) であるという．図 8.6 に木と森の例を示す．

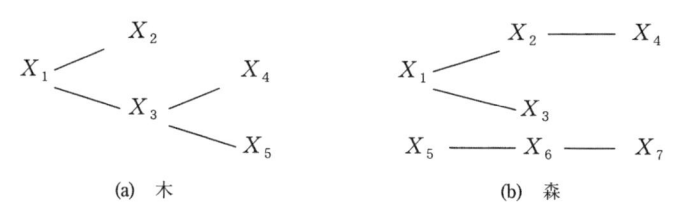

図 **8.6** 無向グラフでの木と森の例

さて，極大な部分的矢線グラフ C が得られているとき，このグラフ C で親のない (矢線の入ってこない) 頂点の集合を W とする．真の非巡回的有向独立グラフで親のない頂点はもちろん W に含まれるが，それ以外の頂点も含まれうることに注意する．たとえば，図 8.5(b) の極大な部分的矢線グラフでは，$W = \{X_1, X_2, X_3, X_4\}$ となる．C に対する W の部分グラフを $C(W)$ と記す．

【定理 8.2】外生変数情報で **DAG** が復元する条件

極大な部分的矢線グラフ C が，次の 2 条件をいずれも満たすならば，真の非巡回的有向独立グラフ G の外生変数を認識することで，そのグラフ G は完全に復元される．

1) 極大な部分的矢線グラフ C で，頂点 X と Y がいずれも W の要素でなく，かつ，そのグラフ C で X と Y との間に無向の辺のあるような頂点対 (X, Y) が存在しない．
2) C に対する W の部分グラフ $C(W)$ は森である． □

この定理の証明はかなり複雑なので省略し，例によって定理の意味を考察しよう．

【例 8.5】まず，定理 8.2 の条件を満たし，外生変数の認識によって真の DAG が完全に復元するケースを挙げる．図 8.7(a) を真の DAG とする．

真の DAG には V 字合流が非常に多いので，X_1 と X_3 の間と，X_2 と X_5 の

8.2 先験情報の利用

(a) 真の DAG

(b) 極大な部分的矢線グラフ

X_1 ——— X_3
X_2 ——— X_5

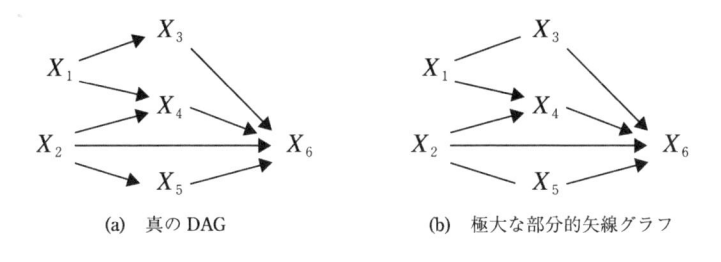

(c) 部分グラフ $C(W)$

図 8.7 外生変数の認識で DAG が復元する例

間のみが無向の辺で，それ以外は矢印が確定する．この結果，得られた図 8.7(b) が極大な部分的矢線グラフ C で，親のない頂点集合は $W = \{X_1, X_2, X_3, X_5\}$ である．親のある頂点集合は $V \backslash W = \{X_4, X_6\}$ で，この要素間に無向の辺はないので，定理 8.2 の条件 1) は満たされる．また，グラフ C に対する W の部分グラフ $C(W)$ は，図 8.7(c) に示すものとなり，これは森であるから，条件 2) も満たされる．実際，真の DAG で外生変数であるのは X_1 と X_2 であるから，これらを認識すれば，X_1 から X_3 への矢印と，X_2 から X_5 への矢印がそれぞれ確定し，真の DAG が完全に復元される．

逆に，定理 8.2 の条件を満たさない例を挙げよう．真の DAG が図 8.8(a) に示すものとする．ここで $X_3 \to X_5 \leftarrow X_4$ が V 字合流であるから，これより X_3 から X_5 への矢印と，X_4 から X_5 への矢印が確定する．さらに，オリエンテーション・ルールのルール 3 を使えば，X_2 から X_5 への矢印も確定する．よって，極大な部分的矢線グラフ C は図 8.8(b) に示すものになる．ここで $W = \{X_1, X_2, X_3, X_4\}$ である．親のある頂点は X_5 のみであるから，定理 8.2 の条件 1) は自動的に満たされる．一方，グラフ C に対する W の部分グラフ $C(W)$ は，図 8.8(c) に示すものとなり，これは森でない．実際，真の DAG で X_1 が外生変数であることが正しく認識されても，X_2 から X_3 への矢印は確定しない． □

(a) 真の DAG

(b) 極大な部分的矢線グラフ

(c) 部分グラフ C(W)

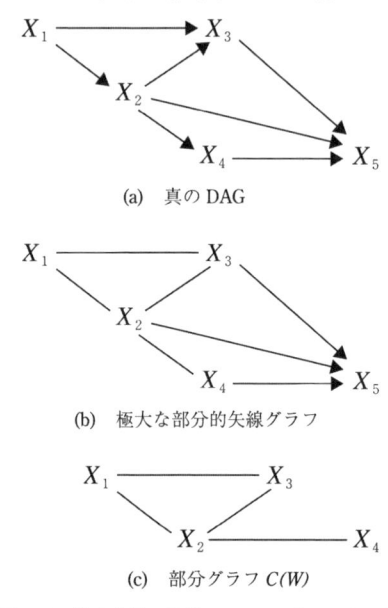

図 8.8 外生変数の認識で DAG が復元しない例

8.3 潜在変数の探索

8.3.1 潜在変数について

観測される変数間の相関関係を，潜在変数をもつ統計的因果モデルで説明するというアプローチは，Spearman(1904) の**因子分析**に始まる．この因子分析の因果モデルとパス解析の線形構造方程式モデルとが統合した広範な統計的因果モデルが**共分散構造分析**で採用されている構造方程式モデルである．代表的テキストとしては，Bollen(1989) がある．

本書では，3.1.3 項や 4.2.4 項に述べた両側矢線の解釈を除いては，観測が困難な潜在変数を明示した議論を行ってこなかった．それは，工学部出身である筆者の主たる興味が <u>有用な因果関係の利用</u> にあり，単に現象を因果モデルで説明するだけでは物足りないと感じているからである．一般に潜在変数としてモデル化されるものには，溶鉱炉の炉内温度のように明確な物理量であるものの直接の計測が難しい変数と，共分散構造分析で取り上げられるような「構成概念」を表す変数がある．このとき，後者のタイプの潜在変数に直接介入するこ

とはできないし，介入の効果を潜在変数によって確かめることもできない．このタイプの潜在変数をもつ構造方程式モデルが観測データによく適合したとしても，それだけでは因果関係を立証したことにならないし，その因果関係を役立てることができなければ意味が乏しいと常々考えている．

その一方で，前者のタイプの直接測定が困難な潜在変数を考えないとうまく説明できない相関関係というものも確かにあって，そのような場合は潜在変数をもつモデルでまずは現象を説明するという段階がやはり必要である．本節では，4つの変数の間で観察される特定の相関関係を説明するのに，潜在変数をもつ因果モデルを持ち出すのが合理的と考えられるひとつの状況として，**テトラッド方程式**が成り立つ相関構造を取り上げる．

8.3.2　テトラッド方程式

Spearman(1904) は，いくつかの科目の得点間に相関があるとき，これらの背後にひとつの「能力」という潜在変数を想定し，この能力から各科目得点への因果関係に基づいて科目得点間の相関関係を説明するという**1因子モデル**を提案した．このモデルの是非はさておき，Spearman はこのモデルで成り立つ興味深い性質についても言及した．

いま，4つの科目があり，それらの得点を連続な確率変数 X_1, X_2, X_3, X_4 で記述する．一方，潜在変数もやはり連続な確率変数 Q でモデル化する．そして，これらが多変量正規分布にしたがうと仮定する．すると，**1因子モデルのパスダイアグラム**は図 8.9 となり，対応する線形構造方程式モデルは

$$\begin{aligned} X_1 &= \alpha_{1q} Q + \varepsilon_1 \\ X_2 &= \alpha_{2q} Q + \varepsilon_2 \\ X_3 &= \alpha_{3q} Q + \varepsilon_3 \\ X_4 &= \alpha_{4q} Q + \varepsilon_4 \end{aligned} \quad (8.3)$$

である．ここで X_1, X_2, X_3, X_4 および Q は平均 0，分散 1 に基準化している．

すると，このパスダイアグラムを非巡回的有向独立グラフとみれば，局所的マルコフ性より直ちに，異なる i, j に対して $X_i \perp\!\!\!\perp X_j \mid Q$ を得る．偏相関係数においては $\rho_{ij \cdot q} = 0$ である．しかし，Q が観測されない潜在変数であるので，

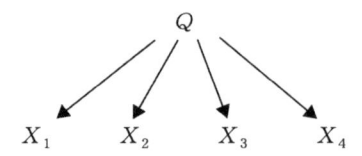

図 **8.9** Spearman の 1 因子モデルに対するパスダイアグラム

観測データからこれらを検証することはできない．

実は，このとき 4 つの変数において

$$\rho_{ij}\rho_{kl} - \rho_{il}\rho_{jk} = 0 \qquad (8.4)$$

という相関係数間の関係が成り立つ．Spearman は この関係が 1 因子モデルの成立のための必要条件である ことを指摘した．この関係は観測データから識別できる．これを受けて，Wishart(1928) は (8.4) 式を帰無仮説とする検定統計量を導出した．

Spearman の 1 因子モデルで (8.4) 式が成り立つことは，(8.3) 式の線形構造方程式より直ちにわかる．それには，相関係数とパス係数の関係より

$$\rho_{ij} = \alpha_{iq}\alpha_{jq}, \quad \rho_{kl} = \alpha_{kq}\alpha_{lq}$$
$$\rho_{il} = \alpha_{iq}\alpha_{lq}, \quad \rho_{jk} = \alpha_{jq}\alpha_{kq}$$

がそれぞれ成り立つので，これらを (8.4) 式左辺に代入すればよい．

さて，ここでいくつかの用語を定義しておこう．

【定義 8.1】テトラッド差とテトラッド方程式

4 つの確率変数において，添え字が重複しないような異なる 2 つの相関係数の積 $\rho_{ij}\rho_{kl}$ をテトラッドという．異なるテトラッドの差をテトラッド差という．テトラッド差を 0 とする方程式

$$\rho_{ij}\rho_{kl} - \rho_{il}\rho_{jk} = 0$$

をテトラッド方程式という． □

図 8.9 の状況では，3 つのテトラッド

8.3 潜在変数の探索

$$\rho_{12}\rho_{34}, \quad \rho_{13}\rho_{24}, \quad \rho_{14}\rho_{23}$$

が存在するので，テトラッド方程式も

$$\begin{aligned}\rho_{12}\rho_{34} - \rho_{14}\rho_{23} &= 0 \\ \rho_{13}\rho_{24} - \rho_{12}\rho_{34} &= 0 \\ \rho_{14}\rho_{23} - \rho_{13}\rho_{24} &= 0\end{aligned} \qquad (8.5)$$

と3つある．図8.9のモデルでは，これらがすべて成立している．

8.3.3 テトラッド方程式によるモデル探索

ここでは，成立しているテトラッド方程式より，潜在変数を含むDAGモデルを探索する方法論について考察する．そのために，テトラッド方程式が成り立つ基本的モデルを確認していこう．

まず，いくつかの単相関係数が0の場合である．$\rho_{12} = 0$ または $\rho_{34} = 0$，かつ，$\rho_{14} = 0$ または $\rho_{23} = 0$ であれば，自動的に $\rho_{12}\rho_{34} - \rho_{14}\rho_{23} = 0$ が成り立つ．しかし，既に観測変数間に独立性が成り立つという状況で，ことさら潜在変数を持ち出したモデルを想定する必然性はない．

同様に，図8.5(a)に示した連鎖系では，相関の乗法則より

$$\rho_{14}\rho_{23} - \rho_{13}\rho_{24} = 0$$

が成り立つ．しかし，このときにも観測変数間にいくつかの条件付き独立性が成り立っているので，これにも潜在変数は不要である．共分散構造分析の事例では，<u>観測変数間に独立性・条件付き独立性が認められるにもかかわらず</u>，わざわざ潜在変数を含めた，しかも**検証不能なモデル**を持ち出すケースをしばしば見かける．

観測変数間にテトラッド方程式が成立していることを統計的に認識したときに，潜在変数を導入したモデルでその相関関係を説明するモチベーションは，観測される変数間にいかなる独立性も条件付き独立性も認識されない場合にある．図8.9に示したパスダイアグラムでは，(8.5)式の3つのテトラッド方程式がいずれも成立する．その一方で，(8.5)式のうちのひとつのみが成立し，残り

の2つは成立しないケースがある．ちなみに，2つの式が成立すれば残りのひとつも自動的に成立する．ひとつだけが成立する状況として，図 8.10 と図 8.11 を考えることができる．

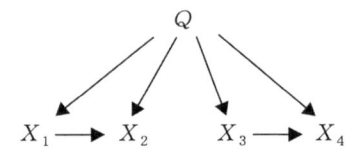

図 8.10 ひとつのテトラッド方程式だけが成り立つ例 (1)

図 8.10 では観測変数間にも矢線があり

$$\rho_{14}\rho_{23} - \rho_{13}\rho_{24} = 0$$

のみが成り立つ．もちろん，5 変数の同時分布が図 8.10 の DAG に忠実であれば，**観測変数間**の独立性・条件付き独立性は一切成り立たない．このことを，線形構造方程式モデルを立てて確認されたい．

これに対して図 8.11 は，潜在変数を 2 つ導入して，2 つの潜在変数間に因果構造を仮定するという共分散構造分析の基本形である．この場合も

$$\rho_{14}\rho_{23} - \rho_{13}\rho_{24} = 0$$

だけが成立する．

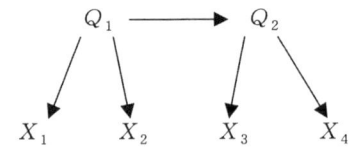

図 8.11 ひとつのテトラッド方程式だけが成り立つ例 (2)

図 8.10 にしても図 8.11 にしても，ただひとつのテトラッド方程式が成り立つという相関構造を説明する**仮想的モデル**であり，これが真の姿である保証はどこにもない．これ以外にもモデルの候補はありえる．様々な背景知識・先験情報，さらには人為的介入の入った実験結果との整合性があって初めて，適切なモデルの選択が可能になる．

8.3.4 離散変数に対するテトラッド方程式

以上の議論では連続変数におけるテトラッド方程式を取り扱ったが，離散変数についても同様な議論が可能である．この離散変数への拡張は Pearl and Tarsi (1986) が行っている．

4つの離散確率変数を X,Y,Z,W とし，それぞれのカテゴリー数を I,J,K,L とする．4.1.4 項と同様に，個体がセル $x_i y_j z_k w_l$ に属する確率を

$$p_{ijkl} = P\{X = x_i, Y = y_j, Z = z_k, W = w_l\}$$

と表記し，これより周辺確率が導かれる．

【定義 8.2】離散変数におけるテトラッド方程式
4つの離散確率変数において，添え字が重複しないような

$$(p_{ij} - p_i p_j)(p_{kl} - p_k p_l)$$

を**離散テトラッド**と呼ぶ．2つの異なる離散テトラッドの差が 0 となる方程式

$$(p_{ij} - p_i p_j)(p_{kl} - p_k p_l) - (p_{il} - p_i p_l)(p_{jk} - p_j p_k) = 0 \qquad (8.6)$$

を**離散テトラッド方程式**と呼ぶ．ここでの添え字は変数に固有でなく，変数名の入れ替えを許している．　□

離散テトラッドの因数 $(p_{ij} - p_i p_j)$ は，2変数間の独立性からの乖離を表すものだから，連続量での相関係数に対応している．このように離散テトラッド方程式を定めると，図 8.9 から図 8.11 での議論がそのまま離散変数でも成り立つ．その場合に潜在変数 Q は 2 値変数と仮定してよいことがわかっている．

引用文献

1) Allison, P. D. (1995): Exact variance of indirect effects in recursive linear models. *Sociological Methodology*, Jossey-Bass. 253-266.
2) Birch, M. W. (1963): Maximum likelihood in three-way contingency tables. *Jour. Roy. Statist. Soc.*, B, **25**, 220-233.
3) Bishop, M. M., Fienberg, S. and Holland, P. (1975): *Discrete Multivariate Analysis, Theory and Practice*. MIT Press.
4) Bollen, K. A. (1989): *Structural Equations with Latent Variables*. John Wiley and Sons.
5) Bowden, R. J. and Turkington, D. A. (1984): *Instrumental Variables*. Cambridge University Press.
6) Box, G. (1966): Use and abuse of regression. *Technometrics*, **8**, 625-629.
7) Brito, C. and Pearl, J. (2002): Generalized instrumental variables. *Uncertainty in Artificial Intelligence*, **18**, 85-93.
8) Cox, D. R. (1972): Regression models and life tables. *Jour. Roy. Statist. Soc.*, B, **34**, 187-220(with discussions).
9) Cox, D. R. (1992): Causality: some statistical aspects. *Jour. Roy. Statist. Soc.*, A, **155**, 291-301.
10) Dawid, A. P. (1979): Conditional independence in statistical theory. *Jour. Roy. Statisit. Soc.*, B, **41**, 1-31.
11) Dempster, A. P. (1972): Covariance selection. *Biometrics*, **28**, 157-175.
12) Geiger, D., Verma, T. S. and Pearl, J. (1990): Identifying independence in Bayesian networks. *Networks*, **20**, 507-534.
13) Good, I. J. and Mital, Y. (1987): The amalgamation and geometry of two-by-two contingency tables. *Ann. Statist.*, **15**, 694-711.
14) Greenland, S., Robins, J. M. and Pearl, J. (1999): Confounding and collapsibility in causal inference. *Statistical Science*, **14**, 29-46.
15) Holland, P. W. (1986): Statistics and causal inference. *Jour. Amer. Statist. Assoc.*, **81**, 945-970(with discussions).
16) 狩野 裕・三浦麻子 (2002):「AMOS, EQS, CALIS によるグラフィカル多変量解析——目で見る共分散構造分析」. 現代数学社.
17) Kuroki, M. and Miyakawa, M. (1999): Identifiability criteria for causal effects of joint interventions, *Jour. Japan Statisit. Soc.*, **29**, 105-117.
18) Kuroki, M. (2000): Selection of post-treatment variables for estimating total effect

from empirical research. *Jour. Japan Statisit. Soc.*, **30**, 115-128.
19) Kuroki, M., Kikuchi, T. and Miyakawa, M. (2001): The graphical condition for identifying arrows in recovering causal structure. *Jour. Japan Statisit. Soc.*, **31**, 175-185.
20) Kuroki, M. and Miyakawa, M. (2003): Covariate selection for estimating the causal effect of control plans by using causal diagrams. *Jour. Roy. Statist. Soc.*, B, **65**, 209-222.
21) 黒木 学, 宮川雅巳 (1999a): 因果ダイアグラムにおける介入効果の推定と工程解析への応用.「品質」, **29**, 237-247.
22) 黒木 学, 宮川雅巳 (1999b): 適応制御における条件付き介入効果の定式化とその推定.「品質」, **29**, 476-486.
23) 黒木 学, 宮川雅巳 (2002): 線形構造方程式モデルにおける同時介入効果の線形回帰母数による表現.「応用統計学」, **31**, 107-121.
24) Lauritzen, S. L., Dawid, A. P., Larsen, B. N. and Leimer, H. G. (1990): Independence properties of directed Markov fields. *Networks*, **20**, 491-505.
25) Lehmann, E. L. (1959): *Testing Statistical Hypotheses*. John Wiley and Sons.
26) Mantel, N. and Haenszel, W. (1959): Statistical aspects of the analysis of data from retrospective studies of disease. *Jour. Natl. Cancer Inst.*, **22**, 719-748.
27) Meek, C. (1995): Strong completeness and faithfulness in Bayesian networks. *Proc. 11th Conf. on Uncertainty in AI:* San Francisco, Morgan Kaufmann, 411-418.
28) 宮川雅巳 (1997):「グラフィカルモデリング」. 朝倉書店.
29) 宮川雅巳, 芳賀敏郎 (1997): グラフィカル正規モデリングのための対話的データ解析システム.「品質」, **27**, 326-336.
30) 宮川雅巳 (1998):「統計技法」. 共立出版.
31) 宮川雅巳 (1999): グラフィカルモデルによる統計的因果推論.「日本統計学会誌」, **29**, 327-356.
32) 宮川雅巳, 黒木 学 (1999): 因果ダイアグラムにおける介入効果推定のための共変量選択.「応用統計学」, **28**, 151-162.
33) 宮川雅巳, 黒木 学, 小林史明 (2003): 回帰モデルにおける併合可能条件と共変量選択.「品質」, **33**, 128-133.
34) Neyman, J.(1923): On the application of probability theory to agricultural experiments. Essay on principles. *Ann. Agricultural Sciences*, 1-51, English translation by Dabrowska, D. M. and Speed, T. P. (1990). *Statistical Science*, **5**, 465-472.
35) 奥野忠一, 片山善三郎, 上野長昭, 伊東哲二, 入倉則夫, 藤原信夫 (1986):「工業における多変量データの解析」. 日科技連出版社.
36) Pearl, J. (1995): Causal diagrams for empirical research. *Biometrika*, **82**, 669-709.
37) Pearl, J. (1998): Graphs, causality, and structural equation models. *Sociological Methods and Research*, **27**, 226-284.
38) Pearl, J. (2000): *Causality; Models, Reasoning, and Inference*. Cambridge University Press.
39) Pearl, J. and Robins, J. M. (1995): Probabilistic evaluation of sequential plans from causal model with hidden variables. *Proc. 11th Conf. on Uncertainty in AI:*

San Francisco, Morgan Kaufmann, 444-453.
40) Pearl, J. and Tarsi, M. (1986): Structuring causal trees. *Jour. Complexity*, **2**, 60-77.
41) ポアンカレ著, 吉田洋一訳 (1953):「科学と方法」, 岩波文庫.
42) Rosenbaum, P. R. and Rubin, D. B. (1983): The central role of the propensity scores in observational studies for causal effects. *Biometrika*, **70**, 41-55.
43) Rubin, D. B. (1974): Estimating causal effects of treatments in randomized and nonrandomized studies. *Jour. Educational Psychology*, **66**, 688-701.
44) 佐々木 淳, 古野純典監訳 (2000): 中等症高コレステロール血症の日本人男性における冠動脈イベント及び脳梗塞の発症に対するプラバスタチンの抑制効果. *Jour. Atherosclerosis and Thrombosis* (翻訳版), **7**, 110-121.
45) 佐藤俊哉 (2002): 傾向スコアを用いた因果効果の推定――紹介されなかった多変量解析法. 柳井晴夫, 他編「多変量解析実例ハンドブック」22 章, 朝倉書店, 240-250.
46) 佐藤俊哉, 高木廣文, 柳川 堯, 柳本武美 (1998): Mantel-Haenszel の方法による複数の 2 × 2 表の要約.「統計数理」, **46**, 153-177.
47) 佐和隆光 (1979):「回帰分析」. 朝倉書店.
48) Simpson, E. H. (1951): The interpretation of interaction in contingency tables. *Jour. Roy. Statist. Soc.*, B, **13**, 238-241.
49) Spirtes, P., Glymour, C. and Scheines, R. (1990): Causality from probability. *Proc. Conf. on Advanced Computing for the Social Sciences*.
50) Spirtes, P., Glymour, C. and Scheines, R. (1991): An algorithm for fast recovery of sparse causal graphs. *Social Science Computer Review*, **9**, 62-72.
51) Spearman, C. (1904): "General intelligence", objectively determined and measured. *American Jour. Psychology*, **15**, 201-293.
52) 杉原匡周 (2003): 傾向スコアを用いた生存時間に対する因果推論. 東京工業大学大学院平成 14 年度修士論文.
53) Verma, T. and Pearl, J. (1992): An algorithm for deciding if a set of observed independence has a causal explanation. *Proc. 8th Conf. on Uncertainty in AI:* Stanford, Morgan Kaufmann, 323-330.
54) Wermuth, N. (1980): Linear recursive equations, covariate selection, and path analysis. *Jour. Amer. Statist. Assoc.*, **75**, 963-972.
55) Wermuth, N. and Lauritzen, S. L. (1983): Graphical and recursive models for contingency tables. *Biometrika*, **70**, 537-552.
56) Whittermore, A. S. (1978): Collapsibility of multidimensional contingency tables. *Jour. Roy. Statist. Soc.*, B, **40**, 328-394.
57) Wishart, J. (1928): Sampling errors in the theory of two factors. *British Jour. Psychology*, **19**, 180-187.
58) Wright, S. (1923): The theory of path coefficients: a reply to Nile's criticism. *Genetics*, **8**, 239-255.
59) Wright, S. (1934): The method of path coefficients. *Ann. Math. Statist.*, **5**, 161-215.
60) 吉田豊彦, 居谷滋郎, 寺沢秀夫, 早船義雄編 (1980):「塗装の辞典」. 朝倉書店.
61) Yule, G. U. (1903): Notes on the theory of association of attributes in statistics. *Biometrika*, **2**, 121-134.

参考図書（あとがきにかえて）

ここでは本書で直接引用しなかった文献も含めて，統計的因果推論について勉強する上で役立つと思われる図書を紹介する．1980年代前半までは，因果推論とか因果分析を標榜する著書は極めて少なかった．筆者の知る限りでは

・Asher, H. B. (1976): *Causal Modeling.* Sage Publications. London.

が唯一の専門書であった．これには訳本もあり

・広瀬弘忠訳，アッシャー著 (1980)：「因果分析法」，人間科学の統計学2，朝倉書店．

である．この本では，パス解析の基本的方法論として，Simon-Blalock法が述べられている．1.3節に述べられている「因果分析を応用しようとする分析者への最良のアドバイスは，おそらく，その人が完全に自信をもっているモデルから出発せよと勧めることであろう．」というくだりは，今でも重い響きをもつ．しかし，この本は非常にコンパクトに書かれており，それゆえにたいていの読者は物足りなさを感じる．筆者自身も，パス解析と回帰分析の違いが明確に伝わってこないという印象をもっている．また，当時の研究成果からしてやむを得ないところであるが，パスダイアグラムのマルコフ性も今日でいうところの局所的マルコフ性にとどまり，大域的マルコフ性には言及していない．

1980年代後半に入ると，統計学者というよりも，むしろ人工知能の分野の研究者によって「因果」をタイトルに掲げる著書が海外で刊行されるようになる．その尖兵の役割を果たしたのが

・Pearl, J. (1988): *Probabilistic Reasoning in Intelligent Systems.* Morgan Kaufmann.

である．これに

・Spirtes, P., Glymour, C. and Scheines, R. (1993): *Causation, Predic-*

tion, and Search. Springer Verlag.

が続く (2000 年に第 2 版が刊行されている). さらに

  ・Glymour, C. and Cooper, G. F. (1999): *Computation, Causation, and Discovery.* AAAI Press / The MIT Press.

は,多数の研究者によって執筆された 19 編の解説論文からなるが,うまく編集されているので読みやすい.筆者は学部生の輪読セミナーで用いたことがあるが,確率統計の基礎知識があれば十分読める.

なお,本文で引用した Bollen(1989) は共分散構造分析のテキストとして有名だが,観測変数のみのパス解析についても詳細な記述がある.パス解析のテキストとしても完成度が高い.さらには,実験研究と対比しながら観察研究での因果推論での困難さを説いた

  ・Rosenbaum, P. R. (1995): *Observational Studies.* Springer Verlag.

も一読に値する.利用価値のある因果的効果とは,処理変数から反応変数に対するものであるという本書の立場はこの本にしたがっている.

ところで,まえがきで引用したように,この分野の第 1 人者である Pearl は 2000 年にそれまでの研究成果をまとめた成書を発表する.この本はそれまでの多数の論文の集大成であるものの,テキストとして必ずしも十分に編集されてはいない.それゆえ読みづらい.不遜ながら筆者が本書の執筆を思い立ったのは,この本の難解さにあったといえる.とはいえ,この本の内容はきわめて独創的かつ秀抜であり,引用文献も充実している.Kuroki and Miyakawa(1999) まで引用していることには,光栄とともに驚いている.

本書で取り上げた統計的因果推論の方法論は因果ダイアグラムの利用に基づいている.因果ダイアグラムの数学的基礎を与えるのが,非巡回的有向独立グラフで規定される確率モデルである.これはグラフィカルモデルと呼ばれる.グラフィカルモデルの最初のまとまったテキストは

  ・Whittaker, J. (1990): *Graphical Models in Multivariate Statistics.* John Wiley and Sons.

である.これは非常に読みやすいテキストである.筆者の前著 (宮川 (1997)) の構成はこの本に倣ったものである.これに

  ・Edwards, D. (1995): *Introduction to Graphical Modelling.* Springer

Verlag.
- Lauritzen, S. L. (1996): *Graphical Models*. Clarendon Press.

が続く．前者も読みやすく，量的データと質的データの混在したときの無向独立グラフの推測論がユニークである．著者の開発した量質混在データに対応する解析ソフト MIM がついているところも魅力である．後者は数学的厳密さという点ではナンバー 1 であるが，かなり手強い．

和書においても，宮川 (1997) に続いて，芳賀敏郎博士が開発された解析ソフトの利用を前提とした
- 日本品質管理学会テクノメトリックス研究会編 (1999)：「グラフィカルモデリングの実際」，日科技連出版社．

が刊行され，国内においてもグラフィカルモデリングが卑近な手法となる環境が整備された．なお，多元分割表でのグラフィカルモデルについては
- 竹村彰通，谷口正信 (2003)：「統計学の基礎Ⅰ；線形モデルからの出発」，統計科学のフロンティア 1，岩波書店．

の第Ⅰ部に精緻な理論が解説されている．

ところで，Edwards の著書も 2000 年に改訂され第 2 版が刊行されたのであるが，そこで追加された内容をみるにつけ，1990 年代後半での因果推論の急速な発展を痛感せざるをえない．追加されたのは有向グラフと因果推論の 2 つの章である．この点において，グラフィカルモデルは因果推論の数学的ツールとしての地位を確保したといえる．なお，追加された因果推論の章では，本書の第 2 章で扱った潜在反応モデル，傾向スコアとともに Pearl の因果グラフの内容がコンパクトに述べられている．

ここ数年，因果推論を正面から扱った和書も刊行されている．その代表は
- 甘利俊一，狩野　裕，佐藤俊哉，松山　裕，竹内　啓，石黒真木夫 (2002)：「多変量解析の展開；隠れた構造と因果を推理する」，統計科学のフロンティア 5，岩波書店．

の第Ⅱ部と第Ⅲ部である．筆者はこの本から多くの刺激を受けた．

また，パス解析の基本的概念である相関の分解については
- 永田　靖，棟近雅彦 (2001)：「多変量解析法入門」，サイエンス社．

の第 13 章にわかりやすく解説されている．

さて，(財)統計情報研究開発センターが刊行している専門誌で「応用統計学」の特集が組まれたとき，その中のひとつの論文

・渋谷政昭 (2000)：応用統計学のバナー.「エストレーラ」, **70**, 2-9.

では，次の記述がある．

「この分野でも新しい波がある．人工知能の分野で，事象から事象への推論を階層的に重ねることがいろいろ試みられ，その中で「条件付き独立性 (conditional independence)」の概念の有用性が認識された．それが統計学に影響を及ぼし，長い間タブー視されていた「因果関係 (causality)」が研究テーマとして復活した．つまり，分散構造から変量間の因果関係の有無がある程度推測できるというものである.」

本書で中心的役割を果たしたセット・オペレーションは統計学でなく人工知能の学術雑誌で最初に発表された．その定義は純粋な確率論の言葉で記述されている．このとき，統計学者と人工知能学者との縄張りを争うような議論は，意味が乏しい．新しい有益な概念は，おたがいに共有した方がよいに決まっている．そもそも，統計学とは本質的に応用の学問であり，統計手法の価値は理論的美しさよりも，どれだけ役立つかという有用性で決まる．ところが，この有用性というものは多くの場合，演繹的に保証されるものでなく，数多くの事例から経験的に評価されるものである．それゆえ，本書で述べた統計的因果推論の方法論についても，その有用性を検証するうえで多くの事例が必要である．もちろん，筆者自身も今後とも努力するが，読者からの適用事例の報告にも期待している次第である．

索　引

AMOS　135
Birch の制約　58
DAG　59
M 字形　69
PC アルゴリズム　155
SGS アルゴリズム　150
V 字合流点　59, 72
Wermuth and Lauritzen のアルゴリズム　157
W 字形　69

ア　行

誤ったモデル　49, 52

位相的順序関係　157
1 因子モデル　163
　　——のパスダイアグラム　163
逸脱度　118
一致の方法　24
因果推論　23
　　——の基本的問題　26
因果ダイアグラム　2, 74
因果的効果　26
　　——を推定するときの偏り　28
因果メカニズム　24, 44
因果連鎖　42
因子分析　162
因数分解基準　54

ウィルコクソン検定　33
後ろ向き研究　21

疫学　20
演繹的実験　19

オッズ　7
オッズ比　7, 58, 87
　　——の併合可能条件　87
親　59
オリエンテーション・ルール　152

カ　行

回帰分析の abuse　1, 100
回帰モデル　1, 96
回顧研究　21, 88
外生変数　38, 159
階層的対数線形モデル　58
介入　75
介入効果　75
　　線形構造方程式モデルでの分散への——　113
　　分散への——　112
　　平均への——　101
拡張フロントドア基準　140
仮説検証型実験　19
仮説探索型実験　19
偏り　11, 45
ガリレイ流実験　19
観察的同値性　71, 149
間接効果　42, 44
完全グラフ　70

索　引

木　160
擬似相関　42, 44
基準変数　17
帰納的実験　19
基本形　40
共分散構造分析　38, 135
共分散選択モデル　57
共分散分析　18
共変量　18
　　——の選択　106
　　——(の)選択基準　109, 133
局所管理　19, 26
局所的マルコフ性　64, 119, 149
極大な部分的矢線グラフ　155
許容性基準　139
切れた分布　46

グラフ　59
グラフィカルモデリング　117

傾向スコア　30
　　——による層別　34
　　——のバランシング性　31
ケース・コントロール研究　21
結果の原因　23
欠測値データ　46
原因の効果　23

子　59
構成概念　162
構造方程式の誘導形　46
構造方程式モデル　36, 74
交絡　28
交絡因子　9, 44, 81
　　——の要件　83
合流点　59
コホート研究　20

サ　行

最小先祖集合　60
サイズバイアス分布　46
最適な線形条件付き介入方式　129

最尤推定値　135
差の方法　24
3元分割表　6
残余の方法　24

識別可能　82
識別のための変数集合　123
　　——の選択基準　133
子孫　59
実験計画法　4, 19
集団での因果的効果　27
巡回閉路　59
条件付き介入　75, 122
条件付き介入効果　122
　　線形構造方程式モデルでの——　127
条件付き期待値に関する全確率の公式　29
条件付き操作変数　95
条件付き操作変数法　94
条件付き独立　53
処理群　33
真のモデル　49, 52

推測ルール　79, 124

正規方程式　103
制御因子　18
制御のための変数集合　122
　　——の選択基準　132
正規乱数　36
正則行列　46
セット・オペレーション　75
説明変数間の直交性　102
線形構造方程式モデル　125
　　——での条件付き介入効果　127
　　——での分散への介入効果　113
線形条件付き介入　125
潜在反応モデル　25
潜在変数　162
全順序関係　157
先祖　59
先祖集合　60
　　——での構造保存性　67

索　引　　177

選択による偏り　11, 45

相関係数　41
　　——の分解　36
相関の乗法則　42, 107
総合効果　43, 78
操作変数　92
操作変数法　92
双方向の矢線　40

タ　行

大域的マルコフ性　65
対称行列の逆行列に関する公式　103
対照群　33
対数線形モデル　58
たがいに独立　56
多変量正規分布　56
単位行列　46
単一結合基準　98
単相関係数　45
断面研究　23

逐次的因数分解　60, 74
中間特性　18
　　——の選択　109
　　——の選択基準　111
忠実　70
忠実性　149
直接効果　42, 44
治療　17

強い意味で無視可能　29, 86

適応制御　122, 128
適切な回帰モデル　97
テトラッド　164
テトラッド差　164
テトラッド方程式　163, 164
デルタ法　134

統御された実験　19
統御された無作為化実験　19

統計的因果モデル　74
同時介入効果　91, 138
　　平均に対する——　144
同時確率関数　53
同時確率密度関数　53
独立　53
　　たがいに——　56

ナ　行

内生変数　38
中黒記号　51

ハ　行

媒介変数　90
媒介変数法　88
背景因子　18
曝露　17
パス解析　36
パス係数　37
　　——の方法　36
パスダイアグラム　38
　　一因子モデルの——　163
バックドア基準　82, 99, 106, 123
バックドアパス　90
バランシング性　31
　　傾向スコアの——　31
反事実的　17
反事実的モデル　26
半順序関係　157
反応　17
反応変数　17

非合流点　59
非子孫　59
非巡回的　59
非巡回的有向独立グラフ　60
標示因子　18
標準正規分布　36, 46
秤量問題　48
比例ハザードモデル　34
非連結グラフ　160
品質管理　3

フィードフォワード制御　122, 128
付随変数　18
付随変動の方法　24
部分グラフ　60
部分的矢線グラフ　151
　　極大な――　155
ブロック　83, 90
フロントドア基準　90, 109
分岐系　41
分散に関する条件付き期待値の公式　105, 114
分散への介入効果　112
分離　60

平均に対する同時介入効果　144
平均への介入効果　101
併合可能　28
併合可能条件　102
　　オッズ比の――　87
　　偏回帰係数の――　101, 102
ベイズの定理　22
ベーコン流実験　19
別名関係　28
偏回帰係数
　　――と総合効果の一致条件　99
　　――とパス係数との一致条件　98
　　――と偏相関係数の関係　108
　　――の添字　51, 97
　　――の併合可能条件　101, 102
変数選択基準　104
偏相関係数　45
偏相関の乗法則　107

補助特性　18

マ 行

前向き研究　20
マッチング　26
マンテル・ヘンツェル検定統計量　13
マンテル・ヘンツェル推定量　14

道　59, 60

向きのある辺　59
無向グラフ　60
無作為化実験　19
無作為割り付け　27
無条件介入　75, 115

目的変数　17
　　――の子孫　98
モラルグラフ　66
森　160

ヤ 行

矢線　59

有向グラフ　59
有向道　59
有向分離　68
誘導形　143
　　構造方程式の――　46
ユール・シンプソンのパラドックス　6, 87

予見研究　20, 88

ラ 行

離散テトラッド　167
離散テトラッド方程式　167
両側矢線　62
隣接　60

連結　60
連結グラフ　60, 160
連結成分　60, 160
連鎖系　42
連立回帰モデル　145

ロジスティック回帰モデル　32

著者略歴

宮　川　雅　巳
みや　かわ　まさ　み

1957年　千葉県に生まれる
1981年　東京工業大学大学院修士課程修了
現　在　東京工業大学大学院社会理工学研究科
　　　　経営工学専攻・教授
　　　　工学博士

著　書　『品質管理』（共著，朝倉書店，1988）
　　　　『ＳＱＣ　理論と実際』（共著，朝倉書店，1992）
　　　　『グラフィカルモデリング』（朝倉書店，1997）
　　　　『統計技法』（共立出版，1998）
　　　　『品質を獲得する技術』（日科技連出版社，2000）
　　　　『経営工学の数理Ⅰ，Ⅱ』（共著，朝倉書店，2004）

シリーズ〈予測と発見の科学〉1

統計的因果推論
――回帰分析の新しい枠組み――

定価はカバーに表示

2004年 3 月25日　初版第 1 刷
2024年 1 月25日　　　第16刷

著　者　宮　川　雅　巳
発行者　朝　倉　誠　造
発行所　株式会社　朝　倉　書　店
　　　　東京都新宿区新小川町6-29
　　　　郵　便　番　号　162-8707
　　　　電　話　03 (3260) 0141
　　　　ＦＡＸ　03 (3260) 0180
　　　　https://www.asakura.co.jp

〈検印省略〉

ⓒ 2004〈無断複写・転載を禁ず〉

Printed in Korea

ISBN 978-4-254-12781-2　C 3341

JCOPY　〈出版者著作権管理機構　委託出版物〉

本書の無断複写は著作権法上での例外を除き禁じられています．複写される場合は，そのつど事前に，出版者著作権管理機構（電話 03-5244-5088，FAX 03-5244-5089，e-mail: info@jcopy.or.jp）の許諾を得てください．

中大 小西貞則・前統数研 北川源四郎著
シリーズ〈予測と発見の科学〉2
情 報 量 規 準
12782-9 C3341　　　　　A 5 判 208頁 本体3600円

「いかにしてよいモデルを求めるか」データから最良の情報を抽出するための数理的判断基準を示す〔内容〕統計的モデリングの考え方／統計的モデル／情報量規準／一般化情報量規準／ブートストラップ／ベイズ型／さまざまなモデル評価基準／他

東大 阿部 誠・筑波大 近藤文代著
シリーズ〈予測と発見の科学〉3
マーケティングの科学
―POSデータの解析―
12783-6 C3341　　　　　A 5 判 216頁 本体3700円

膨大な量のPOSデータから何が得られるのか？マーケティングのための様々な統計手法を解説。〔内容〕POSデータと市場予測／POSデータの分析（クロスセクショナル／時系列）／スキャンパネルデータの分析（購買モデル／ブランド選択）／他

九大 丸山 修・京大 阿久津達也著
シリーズ〈予測と発見の科学〉4
バイオインフォマティクス
―配列データ解析と構造予測―
12784-3 C3341　　　　　A 5 判 200頁 本体3500円

生物の膨大な塩基配列データから必要な情報をいかに予測・発見するか？〔内容〕分子生物学と情報科学／モチーフ発見（ギブスサンプリング，EM，系統的フットプリンティング）／タンパク質立体構造予測／RNA二次構造予測／カーネル法

中大 小西貞則・大分大 越智義道・東大 大森裕浩著
シリーズ〈予測と発見の科学〉5
計算統計学の方法
―ブートストラップ，EMアルゴリズム，MCMC―
12785-0 C3341　　　　　A 5 判 240頁 本体3800円

ブートストラップ，EMアルゴリズム，マルコフ連鎖モンテカルロ法はいずれも計算機を利用した複雑な統計的推論において広く応用され，きわめて重要性の高い手法である。その基礎から展開までを適用例を示しながら丁寧に解説する。

慶大 古谷知之著
統計ライブラリー
ベイズ統計データ分析
―R & WinBUGS―
12698-3 C3341　　　　　A 5 判 208頁 本体3800円

統計プログラミング演習を交えながら実際のデータ分析の適用を詳述した教科書〔内容〕ベイズアプローチの基本／ベイズ推論／マルコフ連鎖モンテカルロ法／離散選択モデル／マルチレベルモデル／時系列モデル／RとWinBUGSの基礎

慶大 安道知寛著
統計ライブラリー
ベイズ統計モデリング
12793-5 C3341　　　　　A 5 判 200頁 本体3300円

ベイズ的アプローチによる統計的モデリングの手法と様々なモデル評価基準を紹介。〔内容〕ベイズ分析入門／ベイズ推定（漸近的方法；数値計算）／ベイズ情報量規準／数値計算に基づくベイズ情報量規準の構築／ベイズ予測情報量規準／他

早大 豊田秀樹監訳
数理統計学ハンドブック
12163-6 C3541　　　　　A 5 判 784頁 本体23000円

数理統計学の幅広い領域を詳細に解説した「定本」。基礎からブートストラップ法など最新の手法まで〔内容〕確率と分布／多変量分布（相関係数他）／特別な分布（ポアソン分布／t分布他）／不偏性，一致性，極限分布（確率収束他）／基本的な統計的推測法（標本抽出／χ^2検定／モンテカルロ法他）／最尤法（EMアルゴリズム他）／十分性／仮説の最適な検定／正規モデルに関する推測／ノンパラメトリック統計／ベイズ統計／線形モデル／付録：数学／RとS-PLUS／分布表／問題解

日大 蓑谷千凰彦著
統計分布ハンドブック （増補版）
12178-0 C3041　　　　　A 5 判 864頁 本体23000円

様々な確率分布の特性・数学的意味・展開等を豊富なグラフとともに詳説した名著を大幅に増補。各分布の最新知見を補うほか，新たにゴンペルツ分布・多変量t分布・デーガム分布システムの3章を追加。〔内容〕数学の基礎／統計学の基礎／極限定理と展開／確率分布（安定分布，一様分布，F分布，カイ2乗分布，ガンマ分布，極値分布，誤差分布，ジョンソン分布システム，正規分布，t分布，バー分布システム，パレート分布，ピアソン分布システム，ワイブル分布他）

上記価格（税別）は2023年12月現在